社交焦虑

〔日〕加藤谛三 著

赵碧琼 译

台海出版社

北京市版权局著作合同登记号：图字01-2024-2549

TANIN NI KI WO TSUKAISUGITE TSUKARERUHITO NO SHINRIGAKU
by Taizo Kato
Copyright (C) Taizo Kato 2021
All rights reserved.
Originally published in Japan by SEISHUN PUBLISHING CO., LTD., Tokyo.
Complex Chinese translation rights arranged with SEISHUN PUBLISHING CO., LTD., Japan.
Through Lanka Creative Partners co., Ltd., Japan and Rightol Media Limited.

图书在版编目（CIP）数据

社交焦虑 /（日）加藤谛三著；赵碧琼译. -- 北京：
台海出版社，2024.5
ISBN 978-7-5168-3846-4

Ⅰ. ①社… Ⅱ. ①加… ②赵… Ⅲ. ①焦虑－自我控
制 Ⅳ. ①B842.6

中国国家版本馆CIP数据核字(2024)第089587号

社交焦虑

著　者：〔日〕加藤谛三	译　者：赵碧琼
出 版 人：薛　原	封面设计：木子林
责任编辑：徐　玥	策划编辑：杨莹莹　闫　静

出版发行：台海出版社
地　址：北京市东城区景山东街20号　　邮政编码：100009
电　话：010-64041652（发行，邮购）
传　真：010-84045799（总编室）
网　址：http://www.taimeng.org.cn/thcbs/default.htm
E-mail：thcbs@126.com

经　销：全国各地新华书店
印　刷：天宇万达印刷有限公司
本书如有破损、缺页、装订错误，请与本社联系调换

开　本：880毫米×1230毫米　　　1/32
字　数：150千字　　　　　　　　印　张：6
版　次：2024年5月第1版　　　　印　次：2024年5月第1次印刷
书　号：ISBN 978-7-5168-3846-4
定　价：42.00元

前言

　　有些人的人际关系非常糟糕，他们总是在努力对别人好，结果却并没有得到好的反馈。

　　很多时候，自己心里想要帮助对方，做的事似乎也在朝着这个方向努力，然而对方却并不领情。

　　于是他们感到委屈：为什么付出得不到回报？为什么我这么努力，你却不理解我的好心？

　　这一类人往往常会做出如心理学家弗洛姆所言的神经症的非利己主义行为。

　　神经症的非利己主义与一般的非利己主义不同，它是一种希望对方能够喜欢自己，让对方觉得自己是好人的非利己主义。

　　他们追求理想化的自我，内心对自己形象的定位是"善良无私，乐于助人"，他们会主动做一些讨好对方的行为，他们认为"我是在帮助你，我是为你好"。

可是不管怎么努力去对别人好，到最后却并没有几个人领情，付出得不到回报，反而会消耗自己的心力，让自己更加心力交瘁。在经过失败的挫折后，他们会感到疲劳、抑郁，甚至悔恨自己不该对别人好，不该帮助别人……

他们并不知道自己在不知不觉间给他人造成了负担。他们不知道别人希望自己做什么和不做什么，因为他们缺乏感知这种情绪的能力。

他们对生活的不满以"道德"的假面登场，且他们对自己这无意识的不满毫无所觉。

"看看我，我竟为别人做到了这种程度。"他们如此标榜自己。

过于为别人着想只会让人感到疲惫，并且吃力不讨好。虽然你内心怀着这样的想法："如果我对他好，那他应该会有所回报吧？"但别人并不一定会如你所愿。这完完全全是对自己的一种毫无用处的消耗。

他们总是理解不了，其实别人并没有想要他们做什么。别人明明不需要他们帮忙，他们却仍要帮忙。因此，施恩图报的人和身边的人之间的关系会逐渐破裂。

如果一位母亲完全放养自己的孩子，自己每晚都和朋友聚会唱歌，别人也能看出来她没有照顾孩子，那么她本人也就不会觉得自己是什么优秀的母亲。

最可怕的母亲就是那种，固执地认为自己所做的一切都是"为了孩子好"，并且在周围的人看来她也确实像一位好母亲。

这类母亲经常会说出"不用管妈妈，只要你幸福就好"这种话，然而她们努力的方向往往会跟孩子的愿望大相径庭，因此总是不被理解。

如果父母真的觉得只要孩子幸福就好，自己的事情都无所谓的话，是不会说出那种话的。

当某人说"那个人就是我的生命"时，他就会产生"自己爱着那个人"的错觉。但那大多数都只是一种强烈的自我执着的表现而已，错把对那个人的执着当成了对那个人的爱。

真正爱一个人是不会说那么夸张的话，也不会觉得自己的爱是值得标榜的，仅仅只是一心一意地爱着他人而已。

霍华德·加德纳在《创造思维》(*Creating Minds*)这本书里提到，甘地曾经这样评价过自己："我只是一个有着平均值以下能力的平凡之人，但我悠然自得。"

这是为何呢？因为虽然智力的发展是有限的，但是心灵的发展是无限的。

有人觉得自己的人生是一个接一个的失败，因此内心有股自卑感，认为自己是不幸之人。

但这个认知是错误的。

他们并不是因为这连续的失败而变得不幸，而是因为想让别人觉得自己不错，想要给别人留一个好印象的这种依赖欲求而导致的不幸。

越是把自己的价值依托于别人对自己的评价，就越容易被伤害，就算是别人不经意的一句话都会让自己的心受到严重的伤害。

他们会因为别人说的一句无关痛痒的话而感到愤怒，会因为别人的一点态度而感到不愉快。而之所以会感到愤怒和不愉快，都是因为那些话语和态度让他们感到自己的价值被否定了。

然后因为愤怒而指责对方，而当这股愤怒不能直接发泄出来的时候，就会堆积在心里让人感到不愉快，要是再进一步，内心就会感到抑郁。然后就会认为是因为对方，自己才会变得抑郁。

但是自己之所以感到不快，并不是因为对方的态度或是话语，而是原于自己的内心。也就是说，自己把自我价值依赖于他人的评判，这种心理态度才是导致自己每天都不快乐的真正原因，但是自己却察觉不到。

越是把自我价值依赖于他人的评判，就越是增加了作践自己的机会。

不管付出多少努力都无法获得幸福的人，大部分是因为理解错了自己变得不幸的原因。

"我们曾数次看过别人是如何'努力'的。我本能的感觉到，如果我们能在这时安慰他们，劝他们不要再这样继续下去，那么他们的心里是否就不会培育出不安、憎恶的种子，不会对别人产生不恰当的奢望呢？"

没有精神内核的人的努力是很难得到回报的，这种人的内心是空荡荡的、是空洞化的。这样的人就像甜甜圈一样，内心是空的。因此，越努力，人生的道路却越艰难，然后感叹着"明明我都这么努力了"。

自己就这样茫然地努力着，最后却感觉只有自己变得不幸。

然而，这样的不幸并非不可改变，通过学习和成长，我们可以摆脱这种不幸的焦虑。

只有当我们真正了解自己，我们的努力才会变得有意义，生活才会充满色彩和活力。

目录

第一章

无偿迁就别人是对自己的一种消耗

——为何会不由自主地讨好别人

努力回应他人的动机是什么

"心理健康的努力"和"神经症的努力"

许多人在社会上取得了成功，但是在私人生活上却很失败，对这类人来说，社会上取得的成功大部分是对其自卑性格的过度补偿。他们虽然很努力，但是并没有社会情感，他们会与他人互相鼓励却没有真正的同伴意识。

自卑性格由自卑感而生，导致过度补偿。这样会让他们在社会上发展得很顺利，所以会取得社会上的成功。

而过度补偿的过程是强迫性地追求名声。

"心理健康的努力"（healthy strivings）和"神经症的努力"（neurotic drives for glory）是不同的。

在努力之前，要先了解自己现在做的到底是心理健康的努力还是神经症的努力。

心理健康的努力是从人固有的、天生的（inherent in human beings）喜好、倾向（propensity）中产生的。

这种努力与神经症的努力之间的不同之处在于，心理健康的努力是自发性的努力，而神经症的努力是强迫性的努力。

所谓强迫性的努力，即哪怕这样努力很辛苦，但还是不得不继续，因为这么努力是为了躲避危险。

找出隐藏起来的真正动机

只要能知道自己是因为什么而努力，就能够解决烦恼。

只要能知道什么是问题的根源，那么就离解决烦恼不远了。

偏执的爱即是原因之一。

即使孩子想换另一件衣服，但因为母亲认为那件衣服显得很廉价，所以母亲会说："就穿身上这件衣服吧。"

单方面地强迫孩子，让孩子跟着自己的步调走，把孩子卷进自己的世界，不承认孩子的个性。这样的母亲却认为这是爱。

她们对于伤害别人这件事的感觉很迟钝。因为专注于保护自己，以至于她们没有察觉到这个事实。

神经症的非利己主义者的努力往往缺乏动机，也会让努力不得回报。

他们把对生活的不满戴上爱的面具登场，以为这就是爱，这样就会导致他们一直在做得不到回报的讨好。

没有自我的老好人谈恋爱，会为了得到别人的喜爱一个劲地去讨好对方，但最后只会被别人玩弄，在疲劳与失意中逐渐失去人生的意义。

工作狂是因为不安，所以他们只能通过自我扩张来消除这种不安。

内心强烈的冷漠和不安感促使他们疯狂工作。

这类人只会想着如何取悦他人，活得没有自我。

因为不安而努力，努力消耗自身、燃尽自我，这是逃避现实的行为，是有依赖症①倾向的努力。

这不是实现自我的能量，而是放弃自我的能量。

_____

① 依赖症：指带有强制性的渴求，通过不断地从事某种活动（或服用药物），以取得特定的心理效应。

失去实现自我的情感导致丧失自我，这是自我排异。

当这类人做出引发社会关注的事件之后，也许会有人惊讶：那个人明明很优秀，怎么会做这种事？但是事实上这类人不管是在忍耐力上，还是在毅力上，都不如普通人那样好。

他们比普通人更加不安。

实际上，世界上还有许多其他生存之道，而不安的人因为觉得只能走这条路了，所以才会感到痛苦，如果他们能察觉到其实走另一条路也能行的话，就会变得幸福。

通过消弭自我意识来迎合、讨好别人而解决问题，这类人的努力分两种，其中一种是因为不安而迎合、讨好别人。

接下来他们就会因为害怕自我价值被剥夺而否认现实，造成无法开发自己的潜在能力，进而变成神经症的努力。

这些都是自以为是的努力，都是得不到回报的努力。

说着"好辛苦，好痛苦！"的人都是以为生存之道只有一种的人。他们之所以会觉得"生存之道"只有一种，是因为他们的生存之道并不是他们自己选择的，所以才会觉得痛苦。

为了获得别人的认可而努力

错误的努力不会给我们带来满足感，所以，不做错误的努力是不燃尽自我的必要条件。

波兰哲学家、美学家塔塔尔凯维奇说过："正因为自我牺牲式的付出才让我们无法获得幸福。"

为什么会讨好他人

即使大家都在跑步，但是追着别人跑和被别人追着跑的感受是不同的。

"你今天看上去气色很不错，发生什么好事了？"

说出这句话的动机是什么呢？

是为了增进关系而夸赞？

为了照顾别人的情绪而夸赞？

为了让人恢复活力而夸赞？

为了客套而夸赞？

为了奉承而夸赞？

为了让别人为自己做事而夸赞？

为了别人的喜爱而夸赞？

还是因为只有这么做才能和别人扯上关系而夸赞？

神经症的非利己主义者会混淆这些动机。

你的动机决定了是成功还是失败。

有的人会觉得自己明明这么努力了。但是在他人看来，这类人只是一个劲儿地在自我感动，他们应该好好反省自己的动机。

因自卑而感到痛苦的人会讨好他人说："我会认真地帮你养兔子的。"但是对方并没有打算拜托他帮忙养兔子。

所以，讨好型人格的人才会觉得自己不论怎么努力也无法变得幸福。

因自卑感而讨好他人的人所做的努力，基本上都是为了显示给对方看的努力，是为了蔑视对方而做的努力。

所以不管怎么努力他们都无法变得幸福。如果他们能成功，能出人头地，他们可能会感到喜悦，但不会感到幸福。

不管是成功还是失败，他们都是孤独的，依旧与他人没有信赖关系。过于关注自己弱点的人，都会失去与他人的信赖关系。

因自卑感而讨好他人的人所做的努力，本质上是为了复仇而做的努力，所以这个努力与幸福无关，也就是说过度在意自身弱点的人，内心其实隐藏着憎恨。

为何因憎恨而努力是错误的呢？因为它会让人只想着去达成困难的目标。

它会让人认为如果能做成难事，那么就能得到他人的认可。这就像有的考生明明对医学没兴趣，却因为学医学很难所以才打算考医学系，这种考生的努力就是那种无法获得幸福的努力。

即便是说同一句话，为何有人因此受人喜爱，有人因此被人讨厌

即使都和社长说"早上好"，有人能得到社长的好感，有人却会被社长厌恶。

被厌恶的人是因为不懂眼色。

社长很忙，烦恼也多，更喜欢他人在喊"早上好"时可以热情、大方一点儿。

如果你扭扭捏捏地喊一声"早上好"，反而会被厌恶。

客套地说一句"早上好"，背后真正的意思可能是"厌恶你"，这样的话，不管说多少句"早上好"都不会让人有好感。

如果是以"社长，看到您的精神头这么好我就放心了，今天也开心地度过一天吧"的心态来说"早上好"的话，就会让人产生好感。

行为会表露背后的动机。

若是弄错了动机，就是弄错了努力的方向。

动机决定了成功和失败，只靠努力是不会成功的。

由于自我评价过低，总是从负面角度看待问题

人生是由自我印象来决定的

一个精神颓废的人，内心的自我印象也是沮丧、颓废的。而精力充沛的人内心的自我是积极、乐观的。

比如某个精力充沛的创业者遇到了麻烦，他认为这是因为自己的内心过于散漫才导致这个麻烦的产生，这个麻烦就是报应。

即使他不知道为什么会有这样的报应，也会感谢道："好在身体还是健康的。"

接着他想："是事业出问题好，还是得心脏病好？"

然后他又想："不管怎样，只要命还在就好，就能继续搞事

业。"这样安慰自己，就又恢复精神了。

他问女友："你更喜欢三年前有钱的我，还是现在的我？"

他的女友回道："我更喜欢现在的你。"

还有一位精力十足的作家，因为以前的作品销量不温不火，所以他对税费的多少没有概念。

但是之后，他的一本书成了畅销书，因此他要缴纳很多税费。

一般人会惊讶道："居然会收这么多税吗？"

然而这位精力十足的作家想的却是："不过我也赚到了很多稿费，我可真幸运。"

没有精力的人则会觉得不甘，他们会想为什么要缴纳这么多税。

对没有精力的人来说，即使幸运来临，他们也没有感知幸福的能力。

全垒打王是三振王

只要改变对事物的看法，成功者就会变为失败者，失败者也会变为成功者。人们常拿贝比·鲁斯当作例子。

贝比·鲁斯曾打出过 714 支全垒打，在此后的 39 年间没人打破过这个记录。而这样的贝比·鲁斯曾有过 1330 次三振出局的记录，因此贝比·鲁斯也是三振王。

戴尔·卡耐基在书中写道："他是美国棒球史上无人能及的三振王。"

但是这个"三振王"并不是失败者，认为三振王与全垒打王是对立面的想法本身就不对。

"三振王"说明了贝比·鲁斯参加过很多比赛，这是一件很厉害的事情，卡耐基应该详细写一下能有这么多三振出局记录的厉害之处，不过他并没有写。

正是因为参加过足够多的比赛，所以他才能成为三振王。

拿破仑领导过的战役中有三分之一的败绩，但即使这样，每当人们说起拿破仑时都说他是"战神"。

下面这句话是卡耐基说的原文：

Even Napoleon lost on thircl of all imtant battles he fought.

卡耐基的意思是即使有那么多败绩，人们也不能只注意失败。

拿破仑参加过这么多次的战争，也正好说明了他一直都很积极，很有精力。

终年到头都在打仗，仍可以保持良好心态的人需要拥有充沛的精力。

能够运用这些大量的精力的人就叫乐观主义者。

从负面角度思考的原因是"自我蔑视"

洒出来的牛奶没法再收回,这句话的意思是无论再怎么后悔,发生的事都已经无法挽回了。

但是乐观主义者会认为,反正还有牛奶可以洒,那就不算大事。

有的人明明是在天上飞,但却以为自己是在地上走。这类人很容易得抑郁症。

他们明明是在做一件很厉害的事情,自己却察觉不到。

即使跟他们说:"你现在在天空上飞着呢。"他们也会觉得"啊!我要掉下去了",又或是觉得自己只是一只不会飞的鸡。

自我蔑视的人没有奋斗的精力。

即使是再小的事,自我蔑视的人亲身体验一下,都会觉得小烦恼变成了大烦恼。

所做的事不是为了对方，而是为了自己

"我明明在讨好你了"的心理

自觉幸福的人会真心地给予。

例如给对方一块奶油蛋糕，如果不是真心想给予的人，就会先吃一口蛋糕上的奶油，还会觉得自己已经把蛋糕给对方了。而收到蛋糕的人不会觉得自己得到了全部。

自觉幸福且想给予别人的人不会吃蛋糕上的奶油。

"想给予"的心情是很重要的，我们要思考给予的动机。

到底是要重视不想给的动机，还是要重视已经给出去的事实呢？

不是出于真心的人不会变得幸福，只有付出真心的人才会变得幸福。

用眼睛观察表象，用心观察对方。如果对方是因为喜欢，就会产生喜悦之情；如果是因为厌恶，就会产生厌恶之情。

不是出于真心的人借给别人钱是为了施恩图报。他们因为格局不够大，所以没有考虑到借钱方的感情，因此做的是得不到回报的努力。

为了让对方高看自己的努力

动机决定了失败和成功。要是弄错了努力的动机，那么不管做何事都变成了讨好，导致事情无法顺利地进行。

因成功而沾沾自喜的人是因为自卑感而努力，所以不受人喜爱。

他们会变得多管闲事，搞不清楚自己的地位和立场。明明是组长却去做主任的工作。

这种人即使努力也会被厌恶。不管他们多努力，在公司里也没有站在自己这边的同伴，所以积累不起声望。

他们会不满，觉得"我都这么努力了""大家为什么都不理解我呢"。周围的人却觉得"那家伙老是擅自做主""那家伙到底知不知道自己在做什么啊"。

如果你觉得自己很努力，但是人生没有什么收获的话，就需要好好反省一下自己努力的动机。

比如说，想要成功只是想让他人刮目相看，或是只是想要让周围的人看看之类的。

所谓"人生没有什么收获"的意思是，比如没有交到亲近的朋友、自己的能力没有提升、没有存到钱、令人怀念的照片没有增加等。

不管是精神财富也好，物质财富也罢，都是需要一点点积累的。有因精神财富而幸福的人，也有因物质财富而幸福的人。

不管做什么都能长期坚持下去且能着实提升业绩的人，也是有着正确的努力动机的人。

不同的人积累的东西也不同。拥有很多知心朋友的人和利用别人而爬上权力高梯的人是不同的。

类型不同的人积累的东西不同，感到幸福的条件也有所不同。既有因为相册里有很多让人怀念的照片而感到幸福的人，也会有因为银行存款增加而感到幸福的人。

有人因拥有豪宅而感到幸福，有人因一张旧照片而感到幸福，有人因手握权力而感到幸福。

最重要的是自己能感觉到幸福，自己的内心能得到满足。

总而言之，即使努力了，但仍觉得十分不满的人应该好好反省一下自己努力的动机。

好好想想自己有没有搞错立场，自己对自己的评价是否有误：周围的人是否觉得自己其实没那么有能力？是不是只有自己觉得自己是了不起的人物？是不是只有自己觉得自己得到了大家的信赖？会不会只是自以为是地觉得别人信赖自己？会不会其实对方觉得和自己的关系没那么好？

所谓搞错职场立场，就像是明明只是组长，却摆出一副总监的样子。

在生活立场中也是一样。如果男性和女性只约会过一次，就摆出一副"那是我的女人"的样子，就会让女性忍不住逃离。

也就是说，即使努力也得不到成功果实的人是搞错了立场，所以不管如何努力都不会开花结果。

人会对别人做的事有反应，也会对别人做事的动机有反应。但是人们一般对自己所做之事的反应很迟钝，所以会不满地觉得"明明我都这么帮他了"，却不反省导致这个结果的动机是否正确。

打着对别人好的旗号，做着别人不希望自己做的事情

搞错了努力的动机的人，不只会搞错立场，还会做他人并没有想要自己做的事。越想要引起对方的注意，就越容易忽视对方的感受，做对方并不希望他们做的事。

如果是因为体贴对方才帮对方做事，那就是正确的。但如果是

为了得到对方的感谢而做事，那就是错误的。

"妈妈虽然买了很多东西给我，但没有一个是我喜欢的。"孩子的话表达了：没有自我价值感的人会为了对方的感谢而帮忙做各种事情，但这样的讨好永远不会开花结果。

这是因为动机已经歪曲了，所以目标就会发生错误。如果某个目标不适合某人，那么他的动机就是有问题的。如果是抱着想要让他人刮目相看的想法，就会弄错人生的目标。自卑也是导致动机歪曲的原因之一，进而导致目标也是错误的。

在努力的人中，也分为两类，一类是为了自己的利益而努力的人，另一类是为了别人的幸福而努力的人。他们努力的动机不同，为了自己的利益而努力的那类人会受到挫折。

为了自己能出人头地而努力的人和为了帮助别人而努力的人，这两种人的动机不同。

对于为了别人而努力的人，要称赞他们所做的是"完美的努力"。

对于为了自己的利益而努力的人，则没有必要称赞他们。因为他们只要完成了他们的事，他们就已经很满足了。

神经症病人认为努力着的他人和没有努力的自己是一样的，所以才会有"别人家的月亮更圆"这种想法。神经症患者的努力只是自我执着的努力，而没有真心为朋友和家人而努力。"明明已经这么努力了"，却还是被大家排斥，因为他们是为了攻击他人而努力的。

为了家人的幸福而奋斗的人和为了自己成名而奋斗的人，他们奋斗的动机不同。

由于人们都会认为他们一样在奋斗，因而他们都不会反省自己的动机，觉得"我已经很努力了"。

但是为了提升自己的业绩而努力的人不会不满地说"我已经很努力了"。因为没有人拜托他做，他也不是为了别人的幸福而做事，而是为了自己的利益而努力。

只有内心自卑的人，才会嫉妒他人的成功

目标也一样注重动机。

你定下目标的动机是什么？为什么会定下这个目标？

是为了成功让别人刮目相看，还是为了能够蔑视别人，抑或是为了复仇而定下目标？

有的人是因为自己做的事很有趣才自然而然地有了目标。例如某人因为喜欢跑步，突然有一天他想要参加某个比赛，接下来他就会想要得奖，进而他的目标就是获得冠军，然后他的目标就变成参加更大的比赛。

因为喜爱而自然有了的目标是循序渐进的。一下子就定下参加奥林匹克运动会的目标的人，他们的目的都不是想要实现自我。

还有就是可能因为只有做这些事的时候才能让他感到生存的意义，所以不管他的目标处于哪个阶段，正在做的这件事就是他的生存意义。

人有着什么样的目标，就表示着他的内心是如何想的。

在职业上的成功也一样，如果一个能拿诺贝尔奖的教授因为自己没拿到奖，就觉得自卑的话，那么他一定不喜欢自己的专业。

有很强自卑感的教授是为了什么而成为教授的呢？从根本上来说他成为教授的动机一定有问题。如果是喜欢自己研究的专业的教授，即使没有什么大的成就，也不会被自卑感折磨。

这样的人不会贬低他人的成就，内心不会贪婪，会踏踏实实地努力，所以也会有同伴聚集在他们身边。

因为内心想要变成自己理想的样子，可是现实的自己却与之有着极大的反差，而感到痛苦的人，就是被自卑感折磨的人，是最有问题的人。

因为自卑感而贬低别人成就的教授，做学问对他来说是一件很痛苦的事情，所以他才会觉得一个接一个取得成就的同伴变得让人厌恶，就会因此而贬低别人的成就。

有的人还会为了打击取得成就的人而拉帮结派，这类人就是害群之马。

当然不只是大学有这种人，公司里也有。假设有一个总经理因为无法成为董事而感到自卑。这个总经理毕业于名牌大学，但是一个高中毕业生成了董事。于是，这个总经理就开始激烈地贬低这个董事。

他会恭维那个靠父母才成为董事的"董事二代"，哪怕他并不喜欢那个"董事二代"。

心智不成熟的人不管多么努力都是白费。如果别人不按他的想法做，他就会很生气。这样带着生气的情绪就会暂时失去其他情感，就会产生社交问题，不发泄出来就会产生憎恨的情绪，甚至产生心理问题。

有的人不懂何为热情，以为举起拳头就是热情，所以总是无人响应。

牺牲家人，自己却在外面讨好别人，从这件小事就能看出此人肯定会在不经意间牺牲他的部下。

做出了错误的人生选择

如果努力的动机是复仇，那么接下来选择的顺序就会出错。

你会弄错和谁交往这个选项。

会弄错选择哪个运动这个选项。

还会弄错给谁售卖哪个商品这个选项。因为一般很难给不爱养生的人售卖有益健康的商品，而给比较注重健康的人售卖有益健康的商品会更容易一点儿。

你是不是做出了错误的选择呢？

这是因为选择的背后隐藏着不正确的世界观。

要先做何事的选择

如果不先热身就突然快跑会对身体不好。

同理，我们应注重过程，不应该想"自己应该做得到"，而应该想"要怎么样才能做得到"。这样我们在做某事时就会注意做事的顺序。

注重过程的思考方式，并不意味着失败，而是要相信这是在一步步通往成功。重视过程的人，即使换了一个新环境，也很快就能适应。

神经症病人认为与人亲近是一件好事，就觉得和每个人都亲近就是好事，所以并不会选择去亲近某个特定的人。

他们还会认为当自己年龄大了的时候有亲近的人才会幸福，所以就想讨好每一个人。想和所有人都拉近关系而不进行选择。这是因为他们把和别人拉近关系这件事想得太简单了。

为了改正得不到回报的讨好，需要找出隐藏的动机。
为了成功，也需要找出隐藏在背后的动机。

为了逃避现实而患上依赖症

如果拒绝承认现实，要逃离现实的苦海，那么你可能会因此患上严重的依赖症，例如酒精依赖症、恶语依赖症、性依赖症、工作依赖症等。

人们常说"酒为百药之首"，也常说"酒是恶魔之水"，两种情况都有可能，这是根据你喝酒的动机来决定的。

如果为了逃避现实而喝酒，那么酒就会变成"恶魔之水"；如果只是为了享受一番而喝酒，那么酒就会变成"百药之首"。

如果是为了逃避痛苦的现实而喝酒，那么酒醒的时候只会更痛苦，还会因此患上酒精依赖症。

像工作或学习这类符合社会期望的事情也是一样，由于动机不同，可能会成为"百药之首"，也可能会成为"恶魔之水"，可能会给你带来生存的意义，也可能会让你患上神经症。

如果是因为兴趣而工作的话，就不会患上工作依赖症，因为工作累了的时候就会主动休息。但如果是不得不和别人竞争的人，是为了证明自己而不停地工作，即使再疲劳也不会停下来休息。如果没有和应该相互竞争的人一起竞争，那么相当于背叛了真实的自己，这时即使工作上的压力减轻了，也还是想要继续工作。

工作依赖症和酒精依赖症一样，都是为了逃避现实才得的。明明必须要和别人竞争，但是自己却逃避了，就会导致自己不管再怎么工作都会感到无法满足。

如果在某个时刻觉得自己怎么做都没法戒掉某事的时候，那么你需要好好想想你是不是在逃避什么事情。

我们在考虑心理疾病的时候，虽然思考某人会做出何种行为很重要，但是思考他的行为动机更重要。

当自己说"想要成为医生"的时候，就要好好思考一下自己为什么会这样想。如果只是想要别人认可自己的话，那最好还是放弃。因为只是为了让别人认可自己而做的努力是得不到回报的努力。

准备考试的复习效率不高，除了和你的学习方法有关，还和你的动机有关，"为了让别人认可自己"而努力复习的话，是没有用的。

患上心身耗竭综合征的人也是因为逃避现实，所以才会遭受这样的挫折。

先解开束缚自己的"内心咒语"吧

手脚被束缚住还在努力游泳的人，与手脚自由的人相比，谁会游得更好呢？

手脚被束缚着还努力游泳的人会很辛苦，而且即便努力了也没什么效果。

内心被束缚的人并不能察觉到这一点，所以做的是得不到回报的努力。

有一位叫马登 ① 的美国作家，写了一个故事，一个人在接连不断的不幸中终于出人头地，度过了一段有意义的人生。如果有人认为自己的心理状态和马登笔下的人物的心理状态一样的话，那就大错特错了。有的人误以为自己也有那样的心理状态，觉得自己只要努力也能做到一样的事，但事实上是，这样的努力是在不停地折磨自己的身体，只会让自己感到痛苦，最后患上心身耗竭综合征。

我们应该学习的，不是从早上四点起床一直工作到深夜的行为，而是他们的心理状态。

要先解开束缚住我们手脚的绳子。只有绳子解开了，才能自然而然地努力。不需奋力喊口号，可能等你察觉到之前，你就已经在努力了，而且是正在做着有回报的努力。

——————

① 奥里森·马登，被誉为"成功学之父"。——译者注

第二章

察觉束缚自己的心理诅咒

——总是对他人和颜悦色，就容易被别有用心之人利用

为了帮别人鞠躬尽瘁

以爱为名的父母

人如果不被爱，

就会抱着很大的期望，

然后，

变成那种，

会为肚子一点儿都不饿的人，

做一大份便当的人。

有很多父母都为了给孩子一个富裕的环境而努力。如果孩子没有露出自己期待的反应的话，父母就会不满，觉得"明明我都对你这么好了，你却还不满意"。

但是，父母给孩子创造富裕的环境和孩子能不能感到幸福这两件事，其实是毫无关联的。

你曾多少次收到不符合自己的喜好而是符合赠送者喜好的礼物呢？

你应该有说出或听到过许多安慰人心却又没有什么意义的话语吧？

如果大家互相都知道对方的喜好，那就和谁都能成为好朋友了。

通过为他人奉献而获得地位

这类人认为工作是人生全部的意义，他们并不重视自己，而是把别人对自己的好感当作人生的重心。

父母看到孩子开心自己也会跟着开心，这种情感才是真正的爱。而他们却连这种感情也没有。

有些人是通过为同事和上司做尽好事，才能在职场中确立自己的地位，或是通过塑造对下属宽厚的上司形象来确定自己的存在。

这些人都是为了能在职场上让别人觉得自己是好人才会去当好

人。为了获得爱，就会无意识地对对方抱有敌意，所以他们会觉得当好人很累。

在其他地方获得了生命意义再去工作的人，本就认为自己有存在地位，所以没有必要为了这个地位而装好人，也就不会讨好别人。

没有生命意义的人虽然精力充沛、通晓事理，同事都说他是个很认真的人，不管是打招呼还是其他行为都很礼貌。但是他对工作的热爱和认真的态度是为了不被人批判而做出来的样子。他对工作热情，是为了给人一个好印象才这么做的。同时他也害怕如果自己不认真就不能吸引别人的注意。

在职场上保持平易近人的形象也是因为不安，是为了保护自己而装出来的性格。

因为不知道对方需要什么，所以就自以为是地去尽力帮助别人。总之就是不听别人的意见，带着善意一意孤行地随意干涉别人。

因为对自己的要求很高，所以对自己感到失望之后，就会想要从别人那里获得认可，从而干涉他人。

但这对于对方来说并不是一件好事。

有很多人都是这样，做着得不到回报的努力。

为什么"老好人"的身边聚集着很多"小人"

那个人可能是为了获得周围人的注目和爱戴才会装成平易近人的样子，并不是因为喜欢对方才这么平易近人，也不是因为内心有支柱才会这么认真。他的内心没有支柱，为了能在职场上生存下去才装出一副平易近人的样子，这只是他的面具。

消极解决不安问题的人并不知道自己想要做什么。

对于总是感到不安的人来说，为了自己而活是一件很困难的事情。他们大概从小就开始慢慢地变成了无法为了实现自我而活着的人了。

他们虽然没有辜负别人的期待，但是一直在辜负自己，因此才会逐渐失去让自己变得幸福的力量，每天都在做着没有回报的努力。

而身边的人也是为了解决自己内心的问题才和他们接触的，他们只是身边的人满足自己内心需求的道具而已。

心地善良的他们从小时候起，就是身边的人的牺牲品。

"就算被这些人认为是好人也毫无意义"，如果他们能意识到这点并振作起来，也能成为一个认为工作是有生存意义的人。

不过，需要别人认可自己、称赞自己、接受自己，才能够确认自我存在的人，会被小人当道具利用也不足为奇。

　　虽然常说"和人交往要擦亮眼睛"，但是对于失去自我的人来说，遵守这个"规则"是很难的事。

　　会做出让周围人震惊的社会事件的正经人，即使他们认真且优秀，但因为总是在讨好周围的人所以内心无法得到满足。

　　他们不管表面上多么平易近人，内心总是不满的。他们是一群因内心的不满足而戴着"认真"的面具去工作的人。而人们只要看到他们的面具，就会觉得这个人很优秀。

不是体贴，而是因为"害怕被厌恶"才会讨好他人

　　马斯洛的需求层次理论认为，人的最迫切的需求才是激励人行动的主要原因和动力。人只要还没得到爱，就会不停地追求爱。所以不停地讨好他人也是为了获得爱。

　　替别人做自己不喜欢的事情时，就已经在勉强自己，把自己当牺牲品了。

　　这并不是因为觉得"帮助他人，自己也开心"才选择帮助别人。

　　很遗憾，他并不是自发性地做好人，而是非自发性地做好人。

　　替别人做自己不喜欢的工作，是为了确定自己的存在地位。在心理上，他感觉自己在职场中没有存在地位。

　　当我们对某人的某种言语和行为而感到不可思议的时候，大概那个人正压抑着某种强烈的情感。

有些人之所以会觉得不被大家喜欢这件事很恐怖，是因为他们放弃了自我。

他们会觉得如果自己派不上用场的话，自己就不会有安身之处。

即使他们在职场上努力讨好别人，也没有什么亲近的同事。

总而言之，不管怎么讨好别人都无法积累人脉，整个人生不管做什么都得不到积累。

他们无法和别人的心灵相交织，他们的内心没有任何能编织成型的东西。即使经年累月，内心也无法编织出一件完整的毛衣；即使对人再好，也不会形成和他人的信赖关系。

总之，内心没有生存意义的人所表现出的讨好问题出在动机上，而不是在行为上。

讨好别人的动机不是因为体贴对方，而是希望对方认为自己是个好人。

替别人工作是无法实现自己的生存价值的。他们在职场上没有自己的存在地位，是通过代替别人做自己也不喜欢的工作来创造自己的存在地位的。就算和他们说"把工作当作自己的生存价值"也是没有意义的。他们大概只会被别有用心的同事所利用，正诠释了"别有用心之人很容易就能嗅出谁是软弱之人"这句话。

不管是别有用心的上司，还是别有用心的下属和同事，应该都是在利用他们。

每当他们替别人做自己不喜欢的事情后，他们就觉得自己更无依无靠。

每当他们替别人做自己不喜欢的事情，别人的依赖就会让他们变得越来越弱小，甚至变成不会拒绝别人的人。

他们是靠不停地背叛自我而生活的人，因此而变得软弱甚至无法拒绝别人。

只要他们能意识到"其实大家都看不起我"这件事，他们应该就能够避免这个悲剧。如果能多警惕周围的人，就能结束这种没有回报的讨好行为。

通过背叛自我而工作的人期望着工作能给自己带来生存价值，就像是去中餐厅吃饭却期待厨师做出法国菜一样。

这些人大概从小就没法展示真实的自己，因为没人喜欢真实的他。之后他偶然有机会能展示真正的自己，但是展示的场合却不合适。

马斯洛说过，对于正追求自我实现的人来说，偶尔需要健康的退行价值。

所谓健康的退行价值，是指即使是在追求自我实现阶段的人，也常会有退行到安全层次的低级需求的可能性。

有一种人会处于疑似成长阶段。疑似成长是指一个人的基本需求实际上已经被满足了，但是自己却认为并没有被满足。

处在疑似成长阶段的人为什么会变成非自发性的好人呢？是因为社会上充满了急功近利的氛围，于是这些人的人生就变成了"为了活给别人看"的人生。他们的内心，变得越来越空洞，做的完全是得不到回报的努力。

你需要对抗的敌人有两个，既要和外敌战斗，又要和自己战斗。所谓和自己战斗，就是要直面内心的矛盾，学会控制自己。

当人们想要知道自己生存的意义的时候，就会把目标放到工作上，只关注工作的内容，会按照是否有生存的意义来选择工作。但是在这之前应该先好好反省一下自己的生活方式。

爱人的能力本身是拥有生存的意义的条件。

如果没有爱人的能力，那么即使想要追求生存的意义也没辙。

心理学家卡伦·霍尼说过，神经症的特征之一就是认为"这个世界应该为我服务"。

他们与自我毁灭型的人是相反的，他们会对周围的人提出过分的要求，然后自己还觉察不到这件事。

这也是为了掩盖其本身的倦怠感和无力感而选择努力讨好。

因为自己的倦怠感和无力感导致自己忽视了本身具有的素质，在这种情况下所做的努力就会缺乏动机，而努力的结果就是会产生更多的无意义感、倦怠感和无力感。

缺乏动机而做出努力的结果就是造成自我排异。

他们的人生基本上是从不安感开始，然后选择了错误的道路，走到了悬崖边无力地讨好别人。

如果表达的方式不对，那么"好心"只会是"善意的麻烦"

做事不露声色的态度不会给别人带来心理负担。当别人用这种自然的态度招待自己的时候，自己的内心就会感到像泡在温水里一样，暖暖的、胀胀的。

与之相反，过于刻意的好意，就会给人带来心理负担，会让人产生"别人对我这么好，我应该怎么报答呢"的心情。

有时自己觉得是做好事，对方却会觉得这是负担，不要让对方觉得"弄得这么夸张反而让我觉得困扰"。

表达好意的方式不同，有时反而会给别人添麻烦。

有着强烈自卑感的人，因为想要获得别人认可的心情很强烈，所以没有办法做出自然的行为。

有着强烈自卑感的人所做的努力，到最后也只会是竹篮打水一场空。

对方不感谢自己就会感到内心受伤

不懂爱的正确表达方式

这是一个得不到回报的讨好他人的典型例子。

某人拿着一个大蛋糕当礼物，但其实并不适合，他只是为了让别人夸一声"厉害"才买的。

"身体怎么样？"某人问。

"我很健康。"某人答。

但是不同的人在回答"我很健康"时的内心所想各不相同。

有人是因为怕回答"我生病了"会让对方担心，才说"我很健康"。

有像这样因为爱才说"我很健康"的人，也有因为害怕对方才这么说的人。因为如果回答"不健康"的话，对方就可能会一边说着"真是的，摆出这么一副阴沉的表情干吗"这种话，一边生气。

得了抑郁症的人，从没有因为爱而和别人聊天。虽然他们人很好，但内心其实是一直藏着害怕的感情去和别人聊天的。所以他们基本上没法理解什么是为了别人而做某事。

我曾看到过一个故事，说的是一位得了精神分裂症的女性把手伸进热水里，然后说："你看，我就是这么爱你。"

这位女性想要表达她的爱，但是不知道正确的表达方法。

自己拼命地表达自己的爱，但是没有得到自己期待的回应，就会做更多得不到回报的努力，到最后就会做出类似把手伸进热水里的事情。

某人戒掉了自己喜欢的酒，然后说："看我多爱你。"做这种事和通过把手伸进热水里来表达爱是一样的。

别人不感谢自己时会感到受伤，是因为感觉自己被拒绝了

在这世间，有很多问题都是因为自我执着地讨好别人而引起的。

什么是自我执着地讨好别人？拿送礼物来举例，就像是有的人

会为了表现自己有很多钱而特意买高价礼品。但这并不是为了给对方所希望的东西，而是为了炫耀自己所拥有的东西。

就像是为了展示自己有多擅长做菜而为糖尿病患者做一顿高脂、高盐的食物一样。比起对方的健康，他们更希望对方能觉得自己擅长做菜。

在日本，一退休就离婚的现象一度成为话题。

被离婚的丈夫十分惊讶。丈夫认为自己为家庭尽力了，但是这其实只是自我执着地为他人着想而已。

夫妻在同一屋檐下抱着不同的价值观生活在一起。

丈夫在成为精英的道路上不停地努力，还以为能得到对方的感激。但是妻子其实有着完全不同的期望，她并不憧憬丈夫能成为精英。

自我执着地为他人着想的人，只有在失败的时候，才会有"原来只是我自以为是"的觉悟。

有的人为了得到别人的称赞，想要获得感谢和好的评价才表现得亲切。

一旦他们期待的感谢没有到来，他们就会愤恨地想："明明我都这么努力了。"当对方没有表达感谢，就会让他们认为自己被拒绝了，从而感到受伤。

如果是因为爱而为他人付出的话，那么即使对方没有感谢自己也不会感到受伤。

　　自我执着比较强烈的人更容易受伤。

　　自我蔑视的人也很容易受伤。因为自我蔑视的人是对他人没有防备的。之所以没有防备是因为自我执着太强。

　　自我执着地为他人着想，但并没有理解对方，也并不知道对方想要什么，所以即使努力了也是不得回报的努力，所以即便是热爱工作的人也会得抑郁症。

为他人着想的背后，隐藏着真正的感情

真正体贴的人不会讨好地说"看，我帮了你"

这是一个发生在葬礼上的故事。

没有为故去的人做什么事的人一直在说："我帮他做了很多事。"向别人宣传自己做了很多事。

明明是给故人添了最多麻烦的人，却说自己对故人很好，夸大自己做的事情，还说故人觉得自己很好。

真正为故人做了许多事情的人会说："承蒙您的照顾。"

会说"感谢您一直以来的照顾"的人，是不会给别人添麻烦的人。不给别人添麻烦的人，直到最后一刻也不会给人添麻烦。

在葬礼或婚礼等大型仪式上可以很好地了解参加仪式的是些什么人。

某个孩子的父母离婚了，在小学参观日这一天，小孩想叫父亲来参加。

"把母亲也叫过来不是更好吗？"负责办理离婚事宜的律师这样说道。

孩子并不想看到已经离婚的父母站在一起的画面。所以母亲不来才是最体贴的做法，而那位律师并不理解这一点。

这位律师认为自己这样帮小孩就已经很完美、很体贴了。

但那并不是体贴。

是因为寂寞才无法断绝关系

这世上有难以和别人断绝关系的人，他们不管吃亏过多少次，都还是会借钱给别人。

他们原本是想要和别人交心，却成了别人口中的冤大头。

不管是拒绝后体会到的罪恶感，还是吃亏过后的怨恨和自我厌恶，这类人为了逃避这种负面感情，即使是勉强自己也无法拒绝别人。

对于为了得到他人的喜爱而打算进一步交流的人来说，如果能再进一步的话，即使吃了亏也会压抑住怨恨。

他们之所以扮演这种自我牺牲的角色，是因为他们很寂寞。

患上情感饥渴症的人无法斩断自己与对方的联系，因而压抑自己的憎恨，然后在无意识中带着憎恨说出取悦对方的话，做出讨好对方的事。

用爱的言语来束缚他人是一种精神暴力

某人因为觉得自己是优秀的父母，所以会对自己的孩子说："你为什么不能像别人家的孩子那样呢？"这位母亲忽视了孩子本身的素质，这样的话是一种语言暴力。也就是说，这位母亲其实是精神暴力的施暴者。

这位母亲因为觉得自己尽到了母亲的职责，所以端着母亲的架子来强调自己的地位，用"我这么爱你"的话束缚孩子，给孩子的内心戴上了一副"手铐"。

这位母亲并没有意识到自己的支配欲。她利用"爱"来贯彻自己的自我中心主义，因为孩子无法抵抗这种"爱"。

一边维持着"自己是为别人着想的人"的形象，一边提出毫不在意他人感受的要求。这就是精神暴力。

这种精神暴力是自己认为自己为了对方而努力，但其实自己是加害者，根本没有察觉到自己所做的得不到回报的努力中包含着精神暴力。

心灵互通的关系和
没有心灵互通的关系

为了让对方开心而操纵对方的共生关系

总的来说，人生不幸的主要原因之一就是拥有不健康的人际关系（unhealthy relationships）。所谓不健康的人际关系，有各种解释，总的来说，就是因为不安而讨好别人，又或者是带有隐性攻击的伪善等，其表面上所表现出来的行为和背后所隐藏的本质心理是完全不同的。

缺乏自我同一性就是自我和自己就像投影一样相互欺瞒、相互依存、相互吞噬，或是通过把他人卷进来而救赎自己，为了让对方高兴而操纵对方，因为想要得到对方的关注才想要对方高兴。

这就像是"普洛克路斯忒斯之床"的故事一样。这个故事出自古希腊神话，讲的是免费让旅人住宿的故事。

普洛克路斯忒斯免费让旅人住宿，但是如果住宿的人的身体比床长，就要被切掉比床长出来的腿脚；如果住宿的人的身体比床短，就要被拉长身体到和床一样长。不管怎样，最终人都会被杀死。

不健康的人际关系，就是牺牲自主性而达成的关系。这些人就像是在做类似普洛克路斯忒斯所做之事，他们会觉得免费让你住宿就已经是"为你做贡献了"。可当你不感谢他们的时候，他们就会感叹自己做了吃力不讨好的事。

一味地讨好对方就会形成没有心灵互通的关系

人们常说离婚的原因是性格不合，但是事实是，基本上很少人是因为性格不合而离婚。

离婚的原因基本上是夫妻双方在心理成长上都遭受了挫折。夫妻二人都没有建立自我同一性，两人的内心都没有能依靠的东西。

心灵相通的两人很少会有说不出口的事情，即使吵架也不会有分手的不安。不需要对方勉强讨好自己，被拒绝的时候也不会感到不安。

心灵相通的两者之间并不是支配与被支配的关系。

对于心理得了病的人来说，不健康的人际关系才会让他们在心理上觉得更轻松。而所谓心理上的轻松，就是指在成长需求和退行需求①的矛盾中，顺应退行需求而活。这样的人即使生理上成年了，在心理上也只是一个儿童而已。

就像有些女性，在与有酒精依赖症的人离婚后，又会和另一个有酒精依赖症的人再婚。

心理上的成长不仅需要能量，还会产生很大的负担，也会有风险，所以必须要有勇气，一旦成长起来就能让人感到生存的意义。

真正的自立是和对方有所联系，有心理上的互相交流。

没有被母亲悉心照料的孩子，会选择和面无表情的孩子一起玩，即使长成少年，也会选择和自己不会有进一步发展的人一起玩，所以不会和对方有什么沟通，就算对方哭了，也不会在意。

这样的人一旦和对方产生情感联系，就会感到不快或是郁闷，总之就是觉得不舒服。

常有人说"结婚之后对方就变了个样子"，但事实上并不是对方真的变了，而是因为结婚之后对方就表现出他的本质了。

----

① 退行需求是指寻求即时的满足感，就像是孩子完全依赖母亲、肆意撒娇的欲望。

没有控制力的人，不希望和他人有任何内心交流，就这样待在一起就好。因为他们的母亲和他们没有过内心交流，所以他们不知道怎样和其他人进行心灵的沟通。他们不去和别人产生联系，也不想和别人的内心产生联系，因为一旦产生联系，他们就会感到郁闷。

拿学生来举例，他们就像是那种喜欢大教室的学生。如果是在小教室的话，就要和教授及其他学生产生联系，这样会让他们感到不舒服。像研讨会这种人比较少的活动，会增加和他人产生联系的可能性，这也会让他们感到不舒服。他们只想和他人保持公事公办的关系。

这就是为什么容易得抑郁症的、有着执着性格的人会觉得单纯的工作关系更舒服。在这样的关系中，他们不会跟其他人有心灵上的联系，只会是机械的工作关系。

这是他者自我化，这类人知道有他者的存在，但是会认为他们并不是有感情的人类，只会觉得他们是机器人。

心理不正常的父母是通过支配孩子来生存的，即向孩子投射消极的自我同一性，随自己的心意来支配孩子。如果没办法支配孩子，他们就会变得愤怒。

例如，如果孩子不听话，父母就会威胁孩子："如果不这样做，你就会废掉。"

他们一旦和已经完成同一性的人分离，就会和对方存在对象关系①，会把对方纳入自我同一性的一部分。同一性和分离这两个阶段是要点。

你的内心有如同心灵支柱的人吗

幸福之人的共性是拥有良好的、健康的人际关系，大家都拥有适合自己的目标。

有着良好的人际关系的两人，对彼此都抱有责任感，所以即使负担很重，也会心灵相通。

人际关系有两种，一种是基于成长需求的关系，另一种是基于退行需求的关系。

通过结果可以知道自己现在的人际关系是良好的人际关系，还是不健康的人际关系。不健康的人际关系就是在和别人的关系中什么都不会留下，与他人的关系不能成为人生的回忆。

虽然和某人几乎每天都在同一个办公室见面，但是如果辞职了，就不会再想起，不会有"啊，好想和那家伙见面"这种想法，也不会有"说起来那家伙还说过这种话"之类的让人能怀念的回忆。

_____

① 对象关系即对象与对象之间的联系方式，或是"我"与"非我"之间的联系。对象关系学派是儿童精神分析学家克莱因创立的。

也就是说，不健康的人际关系会造成交流能力的丧失，也会让人丧失生存的意义，会让人通过牺牲双方的自主性去建立不健康的人际关系。

在漫长的人生中，拥有健康的人际关系的人才能找到心灵支柱。

在职场上我们并不总是和同一群人共事，有时会和没怎么碰过面的人一起共事，而且是已经有几年没有见过面的人。但即使这样，只要一有机会我们就会回想起那人来："啊，那家伙现在怎么样了呢？"还会这样怀念道："我的青春回忆里要是没那家伙就不完整了。"

虽然那人并不是会经常见面的友人，但是即使过了几十年，那个人仍然是自己内心的支柱。

母亲因为缺爱而独断专行，结果就是会让孩子从很小就开始向他人寻求爱。孩子这种对爱的强烈需求，会影响其一生，让他内心缺乏安全感，从而依赖他人、讨好他人。

不健康的人际关系，会让人不重视自我实现，反而重视他人对自己的评价。

在人生中，他人的评价再重要也不会成为心灵支柱，因为重视他人的评价意味着牺牲真正的自己。

通过演戏让别人对自己抱有好感，即使对他人心存不满，也无法割舍这种不健康的人际关系，最后才察觉到自己其实和谁都没有建立真正的联系时，就只能哀叹"已经无法挽回了"。

在不健康的人际关系中，不管怎么忍耐，所做的努力都是得不到回报的。

心里压抑着没有被满足的需求

因钻牛角尖而变得不满的心理机制

努力而不得回报且贪得无厌的人总是会想：为什么自己这么不擅长生存？

他们可能是因为贪婪所以感到不满，或是因为自己不擅长生活而感到不满，但事实并不是这样。

这就像有些人在初春的时候，因为觉得"为什么只能找到三叶草？我想要蔷薇花"而感到不满。但蔷薇花一般在五月才开放。

只要时间到了，就能等到自己想要的东西。但是有的人却做不到。他们在冬天说想吃蓝莓，而蓝莓在夏天才是最好吃的。

他们还想在秋天看樱花，想在冬天吃西瓜。

虽然在秋天和冬天，只要愿意花大价钱，也可以吃到蓝莓和西瓜，但是不值得为此花大价钱，因为不是当季的水果，口感和味道会差很多。

这就像明明知道不会有好的回报，却还要继续做这样的努力一样，然后烦恼为什么自己这么不擅长生活。

因为他们从根本上就搞错了。

有些人会觉得自己能理所当然地得到各种东西。这种想法是错误的。

会有这样的想法是因为眼里没有看到别人，也没有看到自己，更没有看见别人所付出的辛苦。

这些人就是美国精神病学家大卫·西伯里所说的无法接受不幸的人。

西伯里说，如果能接受不幸，就能够看到自己所做的事。

要做到这点，需要舍弃欲望，因为无法接受不幸而做着得不到回报的努力，用一句话来说，就是因为傲慢。

情感饥渴是烦恼的根源

爱人的能力是从被爱中产生的。情感饥渴会导致人们逐渐看不清周围的世界，也会让别人逐渐看不清自己。

如果你有自己正在河流里溺水的这个自觉的话，那么在和别人有所关联的时候，就该思考：这个人能拯救我的生命吗？

正在烦恼的人无法察觉自己其实正在溺水。

烦恼是欲望的化身。人们之所以会产生烦恼，是因为欲望的扩张，对得不到和已失去的东西执着不放。正在烦恼的人无法接受现实的东西。

"贪婪"和"追求"是不一样的。追求是舍弃一个，选择另一个，而贪婪是只懂得索取。

贪婪的人会喜欢上能够短暂治愈自己的人，而不追求能拯救自己的人，因为他们并不知道自己生命的本质。

努力却得不到回报且烦恼不已的人，他们的内心并不是受伤了，而是坏掉了，并且他们根本没有察觉到自己的内心已经坏掉了。要如何察觉这个事实，才是他们优先需要解决的问题。

他们没有看到正在眼前的美丽的银杏，没有活在当下，一直都在被过去影响着，没有享受现在这个时刻。

茶碗如果坏了，裂了缝，就会漏水。而正在烦恼的人会因为漏掉的水而悔恨，执着于漏掉的水，执着于失去的东西。

如果一个人的心已经坏了，裂了缝，那么自然会漏掉想要的东西，然后执着于"得不到"和"已失去"，做着没有回报的努力。

这样的人追求的是无所不能的魔杖，但是人生没有这样的魔杖。就像番茄是一种蔬菜，却想成为水果之王；哈密瓜是水果，却想加入蔬菜的行列一样。

这样的人还无法舍弃任何东西。如果想要什么，就必须舍弃什么。他们什么都不想舍弃，却还说要努力地爬到高处。

他们之所以会对生活产生无力感，是因为做了太多没有意义的努力，做了太多得不到回报的努力。

我们要做符合自己的情况的努力。

明明按现在的步调就一定能走到山顶，这些人却想要走得更快，因此而一直焦虑，不停地向周围的人打听："您有能够更快走到山顶的方法吗？"

烦恼着的人做了太多无谓的努力。就像 1 岁的孩子明明可以按自己的步调稳稳地走，却非要学大人跑，就算能走一两步，也会立刻跌倒。

内心压抑着不满会消耗大量能量

爱烦恼的人内心有着各种不满，在日常生活中被各种不满所支配，内心基本已经坏掉了。

所以他们即使在意识到"应该这样做"，但在实际行动上却没办法这样做。

因为心底有很多不满，所以即使意识到不应该那样做也会变得不得不那样做。心底的不满会通过违背人潜意识里的意图来获得满足。

这份不满会使人受到强迫性的折磨。学生想出去玩，但是不得不学习，想要出去玩的心情被压抑，所以人会被消耗得充满无力感。

学生为了考试，为了适应社会，不得不学习，不得不扮演优秀的学生，但其实心底是想玩的。

如果能够坦然接受自己想玩的心情，就可以避免不必要的内耗，避免因不认可这种心情而产生的焦虑。

可以先问问自己累不累，有没有什么想做的事，还可以问问自己有没有因为到了一所重点高中，就会轻视那些在普通高中读书的学生？

对应试学习感到疲劳的人，也会厌倦继续扮演优秀的学生。

就算勉强别人喜欢自己，结果也只是被利用

在小学的时候，懂得选择和谁交朋友比学习更重要。

不被爱的人会讨好朋友。所以请从小就开始注重人际关系。

爱烦恼的人不会注意这点，没有烦恼的人才会注意这点。

不论老少，爱烦恼的人和朋友之间的关系都很糟糕。他们的善意会被周围的人利用，即使被人当跑腿的，勉强自己也要讨好那些别有用心之人，甚至错把这些当作被爱的证据。

因为对方总是得到好处，所以才会说"我们处得很好"。别有用心之人在得利，他们会将利害关系当成处得很好的关系来看待，将其合理化。

别有用心之人擅长操纵别人。

银杏叶被风带到了树根处，即使再微小，也将自己交付给自然，成为肥料。

既然已经努力到这里了，之后就顺其自然吧，但这类人就连这种觉悟都没有。

他们想着放弃讨好别人就会被厌恶，因此倍感焦虑。

想要休息，但是不仅身体不愿意，连自己的自尊也不允许。

有些学生刚刚通过升学考试就患上了学生冷漠症[1]，他们的文章写得很差，文章没有区分段落，在一个主题还没写完的时候，又开始写下一个主题，这和容易得心脏病的 A 型焦虑[2]是一样的。

他们不会好好地按顺序做事情。看到这个人，就希望能被这个人喜欢。看到那个人，也希望能被那个人喜欢。这就会导致他们不管和谁都没有办法好好相处。

---

① 学生冷漠症是指刚升上高中、大学的学生因为不适应新的环境而影响心理的症状。

② A 型焦虑比较具有进取心、侵略性、自信心、成就感，并且容易紧张，由于一系列的紧张积累，极易导致心血管疾病，甚至可能随时引发心肌梗死而猝死。

要做的事情都搅在一起，想要万能的魔杖，所以不管做什么都是半途而废。

无穷无尽的烦恼源于自己对自己感到失望

我收到过很多有烦恼的人给我的来信。这些信件中的内容大部分都是憎恨和痛苦。即使从书信变成现在的电子邮件，这些内容仍没有变化。

这些信上写了很多类似自己周围的人很过分的内容。

同事很过分，老师很过分，上司很过分，父母很过分，恋人很过分，下属很过分……这些人的要求很过分，所以他们周围的人满足不了他们的要求，就会想要逃离他们身边。

这些人在很小的时候就会向妈妈提出很多过分的要求，即使成了大人，也会像孩子一样向周围的人还有自己提出很多过分的要求。如果他们的这种过分的要求没有被满足，他们就会感到受伤、愤怒和烦恼。

变得不幸的人的要求完全是无边无际的，就像是追求完美主义的人一样。

在这个世界上，也有很多人会因为小小的幸福而满足。但是不幸的人很贪婪，导致他们没有能量，因为贪婪不会产生能量。

其背后的原因是欲求不满，自己对自己感到失望，而他们又没

第二章　察觉束缚自己的心理诅咒

057

有察觉到这一点。他们不管拥有多少物质财富，都不会感到满足，会想要更多。不，不是想要更多，而是要求更多，因为他们觉得自己的人生"本就应该"拥有更多的财产。

因为没有达到自己要求的财产，所以他们会感到气愤。因为自己的要求无法满足，并且这个要求还很迫切，所以他们会感到更加不满和气愤。

学会问自己："内心是否真的想做这件事？"

这个问题很重要。人之所以会变得贪婪，是因为自己对自己感到失望，而自己却没有察觉到这个问题。

人生有很多事，即使不能那样做，也不得不那样做，但自己的内心是想要选择不一样的生活方式的。如果自己不能察觉到这一点，那么只会一直做着得不到回报的努力，直到生命的尽头都会觉得不满。

社交缺失症候群

我常常听有烦恼的人说他们的故事，这让我知道了有烦恼的人都很贪婪。

除了贪婪，他们还有另一个共同点，就是心怀怨恨。

通过有烦恼的人寄来的信件可以发现有烦恼的人可以分成两

类：一类是自己努力讨好别人，却遭遇背叛；另一类则是某人不为自己做某事而产生怨恨。

产生怨恨的那类人从不会尽心帮助别人，也没有为了别人而做过事。总之就是很懒惰，他们从小就是一个过于爱撒娇的人。我看了这一类人的信件后深切地感到他们从没有努力过。

他们因为别人没有尽心尽力帮助自己，就怨恨周围的人，觉得别人帮自己做事是理所当然的，觉得别人为自己服务也是理所当然的，认为周围的人都是自己免费的仆人。

这让我觉得他们会怨恨身边的人是很正常的。

幼儿时期的愿望没有被满足导致他们长大成人后会感到痛苦，最终变得抑郁，不但周围的人都忍受不了他们，连他们自己也忍受不了自己。

总是在生气的人，就是要求过多的人。

根据我们对别人的要求不同，我们自己的心情也就不同。

为什么他们会有这样的想法呢？

从信的内容里可以分析出他们的病理表现——内心扭曲且表露在外。

我将这种类型的人称为社交缺失症候群。

他们擅长隐藏自身的弱点，和别人没有心灵上的羁绊。

患有社交缺失症候群的人不承认自己的缺点，他们的内心和任何人都没有牵绊。

社交缺失症候群有以下特征。

①总是叫嚷着"好辛苦，好辛苦"。

患有社交缺失症候群的人生活态度很散漫。他们认为，身边的人应该为自己做任何事，而且自己不需为此付出相应的努力。

而他们之所以要强调自己如此痛苦，是因为他们渴望爱。

卡伦·霍妮说过，在这些惨痛的控诉中，多多少少都包含着敌意。

②认为别人应该理解自己的痛苦。

③虽然总是说自己很痛苦，但是并没有具体的事情。

④认为自己之所以这么痛苦，责任都在别人身上。

⑤不了解对方和自己的关系，明明和对方并没有什么深厚的关系却还认定对方应该尽力帮助自己。

⑥认为自己是悲剧的主角。

⑦不理解、不认可"即使是做成一件小事也很伟大"这个观点。

第三章

学会照顾自己、不勉强自己，才能过得顺遂

—— "我明明是为了你好才这样做的……"

为了你，妈妈付出了很多。妈妈做的一切都是为了你好。

牺牲自己迁就他人的病因

被隐藏起来的敌意戴着"正义"的面具登场

神经症性的非利己主义者是什么样的呢?

他们会对不怎么亲近的人说"我希望你变得幸福"这种超出关系范围的话。

他们的言外之意是"我很幸福"。

另一个言外之意就是"你很不幸"。

这种人只是利用对方来显摆自己有多优秀,装作要给予对方东西的样子来拯救自己,骨子里其实是个冷漠的人。

所谓神经症性的非利己主义,就是给自己内心生出的敌意戴上了"正义"的面具，所呈现的就是使他人产生内疚感、义务感和责任感，来使自己的要求显得正当合理。

这种神经症表现为情感上的依赖，指的是因为无法忍耐孤独而成为受虐狂。患上这种病的人会没有原则地讨好别人，会为了别人做出任何牺牲，任由别人辱骂自己，不管这会对自己造成多大的伤害。

这是因为患上这种病的人在心底的最深处缺乏爱，所以想要和别人建立联系。

神经症病人获得爱的其中一种手段是诉诸"正义"，但是这种手段背后隐藏的真正动机其实是敌意。也就是他们把"正义"当成盾牌来放出自己的怨恨。

他们主张自己是为了得到爱，然后释放心里的敌意。

将隐藏起来的真正的动机意识化，是人类内心成长的必经之路。

有很多时候，胆怯与恐惧的心理也会带上"正义"的面具登场。但是，要意识到自己隐藏起来的真正动机需要很大的勇气。

在神经症病人（即加害者）的自觉意识里，对爱的需求是正常的；但是从对方（即受害者）的角度来看，这就是精神暴力。

加害者披上寻求正义的外衣去攻击受害者，受害者很难抵抗。

认真且责任感强的人容易抑郁的原因

患有神经症性的非利己主义者的内心隐藏着对母亲的怨恨。有情感依赖的神经症病人的内心也隐藏着憎恨。

内心是重要的地方，他们表面上说着爱的话语，为了别人花费时间和精力，但是其实他们在无意识里是存在敌意的，而这种敌意会影响对方的心情。

他们本人没有意识到自己的内心潜藏着怨恨。

神经症人格里也包含着矛盾。有着矛盾人格的人，他的义务感和责任感没有那种对他人关心而生产的能量。他们所拥有的义务感、责任感也不是那种会对共同体有归属意识的人所拥有的义务感和责任感。

也就是说，神经症病人的义务感和责任感的本质是极度冷酷的利己主义。

这正如卡伦·霍妮所说，神经症病人要么是无情的利己主义，要么是病态的非利己主义。所以心理上的缺陷最终以抑郁症的形式表现出来。

为了未来的人生，我们应该清楚地认识到，缺乏动机而形成的义务感、责任感与由成长动机而形成的义务感、责任感是完全不同的。当然，神经症病人都认为自己有着义务感、责任感。

弄明白因缺乏动机而形成的义务感和责任感的背后所隐藏的真

正动机，对拯救那些内心生病的人来说，是很重要的一步。

执着型性格是病前性格，这类性格的人的义务感和责任感的背后所隐藏的真正动机是敌意，所以就算努力了，最后也会得神经症。

神经症所拥有的责任感、认真的态度和对工作热情的表现，都只是敌意的变装而已。对工作有义务感、责任感强、热心、态度认真的人之所以也会得抑郁症，是因为付出这些努力只会消耗能量，到最后让人感到备受挫折。

这些美德完全就是弗洛姆所说的神经症性的非利己主义，而这些人就是做着得不到回报的努力的人。

健康的人是为了自我实现而产生了义务感、责任感和对工作的热情，他们越努力，精力就越充沛。

健康的人产生的义务感、责任感和神经症病人产生的义务感、责任感是不同的。

神经症病人产生的义务感、责任感其实是一种自我泯灭，是一种无原则讨好他人的义务感、责任感，而绝对不是有着对社会归属意识的义务感、责任感。

得了新型抑郁症的人，没有义务感、责任感，这并没有什么好惊讶的。"抑郁症患者的义务感、责任感是什么？"有很多人连这种根本问题都没有深入了解，就在这里讨论，所以才会对因为没有义务感、责任感而称呼他们为新型抑郁症患者而感到惊讶。

这种症状只是名字叫新型抑郁症而已，但实质上并没有什么抑郁症。

有精神暴力的父母以爱为名进行支配

自以为自己在做着一件好事，但实际上是在向对方施暴，这种人一边满足着自己内心压抑的敌意，一边觉得自己是圣人。

如果一位母亲是个懒惰者，从不照顾孩子，每晚都和朋友去唱卡拉 OK，那么就很容易让别人理解她的行为，因为谁都能看出来她根本不在意她的孩子，那么她本人也会认为自己不是什么好母亲。

这就是大家公认的最坏的母亲——与孩子、母亲自己、周围的人所看到的坏形象是一致的。

但是病态的为了孩子努力的母亲，就和以上表现有很大的出入。

"只要你能够幸福，不管妈妈会变得怎样都无所谓。"会说这种话的母亲，根本没有意识到自己所做的努力并不会让孩子得到成长所必需的东西。

大家公认的最坏的母亲让人通过其行为就很容易辨别出来。但是对孩子施加精神暴力的母亲，则让人很难辨别，其实这种才是最糟糕的母亲。

这种母亲让孩子的心灵受到了挫折，却无法理解为什么孩子会受到挫折？她们觉得自己都已经为孩子尽心尽力到这个地步，无法理解为什么会得到这样一个结果。

如果是因为自己总是去唱卡拉OK，才导致孩子的心理受到挫折的话，母亲就会诚实地承认错误道："早知道不去了。"如果是因为自己总去美容院，那么在孩子心理受到挫折的时候就会诚实地反省道："怎么总是想着变漂亮，为了自己花那么多钱，却舍不得给孩子花一分，自己真不应该。"

但是，使用精神暴力的母亲不会为了自己而花钱，而是会为了孩子花钱。

这种母亲怎么样也理解不了卡伦·霍妮所说的病态的爱。

她们无法理解自己所认为的爱，其实是为了满足自己的欲望而伪装的样子。她们无法理解，其实自己并不爱自己的孩子，而是在通过虐待来支配孩子而已。

她们觉得自己已经这么努力了却得不到孩子的理解，进而产生怨恨，但事实上，不管她们多努力，只要一天没察觉到自己其实没有给予孩子真正想要的东西，她们都会继续责备孩子。

不管是母亲还是父亲，实际上都是因为对自己已经绝望了，才会强迫孩子成为他们理想的人。

这并不是为了教育而产生的心理。这种父母内心带着不生就死的心理，拼命地缠着孩子。

内心的真正想法是想要引人注目

有人会通过做让人厌恶的事纠缠别人来和别人产生联系。

通过给别人添麻烦来和别人产生联系。孩子就总是有这种给父母添乱的心理。

他们认为只要自己比别人优秀，就能解决自己的人生问题，一旦遭受挫折，就会想要通过给别人添麻烦来和别人扯上关系。

这种行为的根本目的是想要引人注目。

如果因为大家都不陪自己而感到寂寞，健康的人会先思考一下为什么会这样，这样眼界才会开阔。但是神经症病人会因此而产生敌意，会觉得这些人"真是不可理喻"或"让人无法原谅"，通过这些话语来纠缠别人。这样做的结果就是，即使努力了，也仍然会被大家厌恶，以致变得更寂寞。

否认与他人的联系却又想要和他人建立联系。实际上，他们并没有察觉到自己在否定和他人的联系。

如果总是做让他人厌烦的事、总是纠缠别人，以此来和别人产生联系，心中就会有一种无法言说的焦虑感。这是一种无法用言语形容的焦虑感。

这种焦虑感是从何而来的呢？

是因为那种惹人厌恶、纠缠别人的人，从根本上是拒绝和世界有联系的。

一边说着让人厌恶的话纠缠别人，一边自身又拒绝和别人有所联系，在无意识中存在着敌意。

正是因为神经症病人存在着无意识的敌意，自带一种让人难以名状的令人不快的气场，所以会给对方一种无以言说的不快感。

神经症病人内心矛盾，会通过他的气场表现出来。而人的五感无法捕捉到这种气场。

说正义的话是让人觉得难以接近的原因

为什么有的人会主张正义的事情？

在公园会有陌生人突然对你说，你不能这样做，不能走进草丛里。他的动机是想要和别人建立联系。

神经症病人主张正确的事情是因怨恨而形成的，而这个怨恨的动机，会让人对此产生相应的反应——周围的人想要逃离。

而这些主张正义的事情的神经症病人，他们自己没有察觉自己的怨恨是无意识的。所以他们也不知道周围的人其实是因为他们的无意识的怨恨而做出相应的反应。

相互性是人际交往的条件。

帮助别人的人，会想着"我想帮助你"；而需要帮助的人，会有"想要这个人帮助我"的欲求。

因为这个相互性，人际关系才会成立。这种关系即是两者心灵互通的关系。

就像是爱父母的孩子就会孝顺父母。孝顺父母的孩子和被照顾的父母之间是有相互性的。

A 想要看护 B，B 想要被 A 看护，这就是相互性。

不管神经症性的非利己主义者怎么想，都理解不了其实对方并不希望他们做对方没有要求做的事情。也就是说，他们理解不了，其实对方并没有想要他们帮忙。

施恩图报的人和周围人的关系是破裂的。

神经症性的非利己主义者理解不了这种相互性，就会导致他们觉得："我都为你付出这么多了，你却没有半点儿回报。"进而感到不满。这就是得不到回报的努力。

真正的非利己主义是在与对方的关系中实行非利己主义。

相互性的反面是自我中心性，即自恋。

如果缺乏相互性，照顾别人的一方想的是"我想照顾你"，而被照顾的一方不会因为被他照顾了而感到开心。

神经症性的非利己主义没有那种因爱而产生"我尽力帮助别人，也希望别人需要我的帮助"的相互性。

因为爱而想帮助对方，而对方也想要这个人帮助自己，这就是相互性。

"只要你能够幸福就好……"这句话隐藏着大量的信息。

这是某位来咨询的女性的故事。

她的丈夫是一个优秀的社会人士。她的公公婆婆都是教师。

她的丈夫因为考试失败而失去了自信。对他的原生家庭来说，这个考试有着重要的价值。他就是在缺乏相互性的人际关系中长大的。

婆婆对儿媳说："我比那个孩子要更理解他自己的心情。""他有什么事你都要和我说。""这个孩子就托付给你了。"

她说："婆婆总是拿着我丈夫的照片给我看。"

婆婆的口头禅是"你要理解我的心情啊"。

"我们怎么样都无所谓，只要你们能够幸福就好。"她的婆婆也总是说这样的话。

"我每次看到有困难的人都没法坐视不管。"她婆婆会一边说着这样的话，一边从残障人士那里买下他们的商品。

家里总是一尘不染。

　　婆婆还会买贵重物品送给儿媳，会用娇柔的声音说："请你接受吧，就算是为了我。"儿媳想要还回去的话，婆婆就会说："能看到你们开心的样子，我也就开心了。"然后强硬地拒绝儿媳退还。

　　婆婆有时还会把儿媳当作公主来对待。

　　但是如果这位女性和她丈夫一起开心地吃饭，婆婆就会不高兴。

　　这位来咨询的女性说："不知道为什么，在这个家里吃饭，总让人感觉咽不下去。"

　　婆婆总是不停地在说自己不幸的童年，总是喋喋不休地诉说自己内心的伤痛。这是件很不可思议的事，因为一般来说，如果有着不幸的童年，是不可能这样轻易说出来的。

　　这位婆婆把不幸当作一种商品，这种不幸的经历，就像是一种乞求怜悯。"你看，我都受这么多苦了，所以你应该帮我做点儿事情"。说完不幸的经历后，马上就会有"账单"飞过来。

　　他们不会亲口说出想让你帮忙做这个做那个。婆婆很顺从儿子，而且总是很懂得感恩，其实是隐晦地要求儿子同情自己。

　　不想让儿媳生孩子，厌恶儿媳与儿子有性生活。婆婆的嫉妒是对女性的嫉妒。

通过诋毁别人来抬高自己的人

神经症病人会认为自己是非利己主义且没有欲望的人。这也是弗洛姆所说的神经症性的非利己主义者。

神经症性的非利己主义者会说别人的坏话，会专门找别人的缺点，会毫不在意地出口伤人。

这种坏话的性质非常恶劣。

"那个人上过厕所之后味道好大。"他们会说类似这种让人难堪的坏话。

这类人在说别人坏话的时候，虽然心里想着做好自己的事就好，但总是会说让人不愉快的坏话。

这是因为，他们有着无法容忍别人成为优秀的人的敌意，同时，他们还会觉得承认别人的优秀会贬低自己的价值，于是通过贬低他人来治愈自己的内心。

总是在网上说别人坏话的人，也是这种类型的人。

但实际上，不管再怎么说别人的坏话，也没法获得自我肯定，没有办法让自己变得幸福。虽然在说坏话的那一瞬，内心的焦虑得到了暂时的缓解，但是结果只会让心力流失得更严重，让人生更难前进，也让内心的矛盾更加严重。

然后那些品行好的人逐渐远离自己，自己逐渐融入"坏话集团”，大家都在说别人的坏话，让成长需求逐渐衰退。

神经症性的非利己主义者是为了讨好他人才成为非利己主义者的，并不是因为爱他人而成为非利己主义者。

神经症性的非利己主义者会弱化自己内心的力量。

因为害怕被对方厌恶，他们会强迫自己变得亲切。

神经症性的非利己主义者可以说是丧失自我的非利己主义者，也可以说是自我执着的非利己主义者。

他们会想自己有没有让别人觉得自己是非利己主义者，从而感到焦虑，还会为了不让别人认为自己是利己主义者，从而做出更夸张的非利己主义行为。

他们害怕自己的讨好行为会让人觉得奇怪，害怕别人觉得自己不好。这些担忧和害怕类似社交恐惧症的症状。

为了缓解焦虑而努力的人容易耗尽自己

在神经症性的非利己主义者当中也有患有职业倦怠的人。

护士、医生、警察和教师等以助人为目的的职业，以及在社会上有着被认为很好的职业的人，都容易患有神经症性的非利己主义者的职业倦怠。

没有爱的能力的母亲却认为自己是充满爱的人。

神经症性的非利己主义者爱人的能力和快乐的能力都已经麻痹了。这类人不但心里充满了对生活的敌意，还会把强烈的自我中心性巧妙地隐藏在非利己主义这个正面形象的背后。

即使动机是缓解焦虑，且没有实现自我的能量，但从表面上看，他们的行为与健康的人所做出的行为并无差异。

精力有邪气和正气之分，所以神经症病人的能量和心理健康的人的能量是不同的。神经症病人的能量是充满敌意的能量，而且他们还没察觉到自己是为了复仇而努力。

他们擅长隐藏自己的弱点，还不承认自己有弱点，并且总是摆出一副不开心的样子。

因为兴趣和爱而行动的人并不那么在乎自己的弱点，也不会对自己有过高的、难以实现的期待，而是会选择更加脚踏实地的生存方式，不会让生活发展到自己无法控制的地步，更重要的是他们不会被别人牵着鼻子走。

是对别人的关心更重要，还是想要其他人夸奖自己的需求更重要？这个问题决定了人生是否艰辛以及艰辛的程度。

缺乏动机而行动的人，没有喜欢的事物。而因为成长动机而行动的人有喜欢的事物。

健康的人是因为爱这个人而努力。

神经症病人是为了让自己获得好评而努力，所以不管怎么努力都是得不到回报的努力。

人际关系里最重要的事就是理解对方和赞美对方。

赞美这个行为可以有很多不同的动机，因此，即使做出同样的赞美行为，也不会得到相同的反应。

操控别人的人和内心有着矛盾的人，这两类人赞美对方，并不是真的赞美，只是在说客套话而已。

无论是恋爱还是和上司打招呼，即使用了同样的方法，也会有人成功，有人失败。

就像贝兰·沃尔夫所说的，人们会因为对方的无意识而做出反应。

真诚的赞美和客套话之间存在着差别。

赞美是对对方的关心。比如说过很多次"你就是在去年这个时候，通过努力获得了成功啊"，这就是真心的赞美。如果不是因为关心对方，那么就会很快忘记这件事，也就不会说出类似"去年这个时候"这种话。

不要隐藏自己的弱点

人不是因为没有弱点才会拥有自信，而是因为拥有自信才会勇于承认自己的弱点。

而患有职业倦怠的人则希望别人认为自己是一个理想型的人、一个超人，是不能有弱点的。

　　但是在他们的自觉意识中，是知道自己其实是有弱点的，所以他们会隐藏和压抑自己的弱点，并努力地为了隐藏弱点而活。这样就会消耗他们内心的能量。

　　他们打从心底里不认同自己内心的弱点，会努力工作到精疲力竭。

　　健康的人是根本不会努力工作到筋疲力尽的，在这之前就会主动休息。

　　他们如此折磨自己的身体还得不到满足，主要是想对抗焦虑、不安和孤独。他们认为只要自己成为理想型的人，就能被周围的人接受，就能逃离这种焦虑和不安的情绪。这是因为他们从小就缺乏安全感。

　　健康的人就算有缺点或弱点，他们也会觉得即使这样别人也能接受自己，至少身边会有接受自己的人。

　　但是患有职业倦怠的人，从小开始就能感觉到如果自己有缺点，就不会被人接受。所以就会紧张地隐藏缺点而消耗自己的能量。

　　就像经济学家朱·弗登博格所说，有职业倦怠的人很擅长隐藏自己的弱点，无法认同自己的弱点。隐藏自己的弱点的必要性从小就开始深深烙印在这类人的心中。

患有职业倦怠的人总是贬低别人，情绪不安定，易怒，而且头脑顽固，不听他人的忠告。

因为兴趣和爱而行动的健康的人即使不被他人认可，他们的内心也会持续产生能量。

反之，自我排异的人即使努力做出了成果，内心也会得病。

为了别人喜欢自己而勉强自己的人

即使神经症性的非利己主义者在意识领域认识到自己是非利己主义者也一样会不幸，就连和最亲近的人之间的关系也处理不好。

害怕被厌恶、想要别人夸赞自己，因为这些理由而勉强自己，导致自己过着自己并不想过的生活，过着隐藏缺点的生活。

神经症性的非利己主义者和有职业倦怠的人会害怕周围的人。因为他们一直以来都是为了让别人喜欢自己、夸赞自己而勉强自己生活的。

这期间的努力是健康的人所想象不到的。

在为了让别人喜欢自己而活着的时候，他们就已经失去了生存的意义，失去了享受人生的能力。

从而使他们对生活的敌意更加强烈，变得更加以自我为中心，变得越来越难以生活下去。

周围的人对他们来说是一种威胁，他们甚至会成为每天都在网上说别人的坏话、过着无意义的人生的人。

有的人表面的主张和背后隐藏的真正动机之间有着巨大的差异，神经症性的非利己主义者和患有职业倦怠的人就是其中典型的例子。

虽然他们的行为看起来是非利己主义者，但他们的动机却是神经症病人那样的执着地讨好他人。他们想要被周围的人接受才会讨好他人，同时他们又厌恶自己周围的人。

他们的内心和行为非常矛盾，害怕周围的人，但又希望周围的人能够接受自己。这种矛盾会让他们带着强烈的自我执着，非常疲惫地与他人见面。

他们会说："不，不用了。"这是他们正带着虚荣的面具登场。因为他们害怕被厌恶，目的是守住自己的脸面。

神经症性的非利己主义者常说这种话："只要你幸福就好，我怎样都可以。"

迄今为止我已经举过很多次这个例子了。

如果真的觉得"只要你幸福，那么我怎样都可以"的话，就不会说这种话，也不会说别人的坏话，更不会做在网上说别人坏话这种浪费时间的事情。

如果某人在晚餐时的话题总是说别人的坏话，那么这个人的非利己主义就是神经症性的非利己主义。

如果是真正的非利己主义者，是不会怨恨那些不照顾自己的人的。

德国的精神病学家泰伦巴赫使用了"正常的病态"这个概念来形容这些人。这个概念的意思是，即使这些人在社会上看起来是正常的，但其实他们的内心有着病态的问题，他们的心理是不正常的。

不管一个人在社会上做着多么出色的工作，如果他不敢面对真正的自己，就会逃避面对自己这件事。

社会上的适应和心理上的适应是不同的。日本人和美国人对家庭的满意度不同，美国人对家庭的满意度比日本人对家庭的满意度要高，但美国的离婚率也更高。

在审视这个被异化的世界时，我们通常认为人类自身是健康的。然而，从人文主义的视角出发，我们会发现那些看似健康的人实际上可能已经是重症患者了。

过于迁就别人而感到疲惫的心理机制

哪种非利己主义是神经症性的非利己主义

和职业倦怠的人症状相似，神经症性的非利己主义者的价值观是非利己主义的，但个人的无意识是利己主义的。

在社会上的行为是自以为是的只顾自己的非利己主义，也是极端的、强迫性的非利己主义，在心理上是有神经症的。

总而言之，神经症性的非利己主义是过火的非利己主义，也可以说是冷漠的利己主义、过于非利己主义或无情的利己主义。

神经症性的非利己主义分为自我扩张型和自我消灭型。

他们认为自己不是利己主义者。就算考虑自己的行为，也不会觉得自己做了利己的行为，会坚定地认为自己是非利己主义者。

但是好好思考一下，就会发现哪种非利己主义者是神经症性的非利己主义者。

如果某人即便很努力，但在人际关系上仍无法取得很好的进展，即使态度认真，也不会被人接受，而且总是因此而感到疲惫，甚至导致抑郁。那么就可以认为这个人是神经症性的非利己主义者。

这样就能判断自己到底是不是神经症性的非利己主义者。

即使自己真的是神经症性的非利己主义者，也要为自己而感到自豪，毕竟能察觉到真正的自己是一件很厉害的事情，我们不应该责备过去的自己。

神经症性的非利己主义者不是为了对方而做的非利己主义行为，而是为了给对方一个好的形象而做的非利己主义行为。

神经症性的非利己主义者也不是因为喜欢这样才会变成这种人的。

他们确实是很努力，但努力的方式不正确，而且缺乏动机，他们是因为情感饥渴才努力的。

但是，会有情感饥渴其实并不是他们的错。他们是因为在儿童时期就没有得到母亲的悉心照顾而导致了这种心理疾病。

不管发生什么事，都不要忘记对自己抱有自豪感。

越强迫自己亲切，就越厌恶对方的心理机制

拥有人格本位意识是最好的，这种思考方式主要基于一个前提：人是一个独立的个体，有自己的意识，能独立思考，应该为自己的利益和价值而努力。

但是对于有着虚伪的非自我本位主义的神经症性的非利己主义者来说，他们会合理化自己的弱点。

比如有一类女性，她们厌恶自己的丈夫，却为了孩子而不离婚。

其实她们是因为自己的依赖心理而不离婚，害怕别人会认为自己是利己主义者，害怕别人的评价。

不离婚就意味着牺牲自己，所以母亲会变得厌恶孩子，而她也不会承认厌恶孩子这件事，她会抑制这种厌恶的情绪。

不直接表现出厌恶的情绪，就觉得自己是个伟大的母亲。但是事实上，她是一个以自我为中心的女性，而且也已经变得很厌恶孩子。

这样的话，她每天都会不快乐，那种厌恶的情感会间接表现出来。比如说每天都哭诉自己有多惨，每天都会不停地诉说自己有多辛苦。

这就是神经症性的非利己主义。

这就像弗洛姆指出的那样，和神经症性的非利己主义相关联的症状有抑郁、疲惫、工作上的无能和在爱的关系上的失败等。

神经症性的非利己主义者不断地努力，但是没有爱，他们渴望回报，却得不到回报，被这些症状所折磨。

一个人越强迫自己亲切，就越厌恶对方。

因为做了自己不想做的事，所以觉得无聊是很正常的事情。

如果真的是因为对别人的爱而为对方做事的话，是不会厌恶对方的，反而还会越来越喜欢对方。

如果是因为害怕被厌恶，或是希望得到对方的喜爱，又或是不希望别人对自己有不好的评价，才勉强自己变得亲切，就会变得厌恶对方。毕竟让自己有不愉快的体验的原因是对方，所以会变得厌恶对方也是很正常的，但是又不能直接表现出厌恶的情绪。

这就是出现弗洛姆所说的"抑郁、疲惫、工作上的无能和在爱的关系上的失败等"症状的原因。

如果想知道自己的行为到底是真正的亲切，还是自我执着的亲切，只要看之后自己的情绪是怎样的就能知道了。

例如，谦让是一种很重要的美德，如果不懂得谦让的话，就很难在社会上立足。究竟是自己真的拥有这种美德，还是为了让自己获得高评价而做的强迫性的美德，可以通过做出谦让行为之后的情绪来判断。

这和泰伦巴赫所说的加害恐惧症是一样的，为了不伤害别人而迁就别人。但是，这样做之后的心情如何？是在迁就别人之后感到很恼火，还是在迁就别人之后变得更温柔？

害怕被人厌恶，从而伪装自己的心理机制。

不安会消灭欲求，因为在不安的时候，追求安全是第一位的。

安全优先的生活方式会让人无法持续产生生活的能量。

如果没有爱是没办法持续产生生活的能量的。正是因为有爱才能持续产生"为了这些、那些事"的能量。

神经症性的非利己主义者忍受现实中痛苦的内心力量很弱。

少子老龄化社会的根本原因是人们心理的幼稚化，是人们生活的能量的衰退。人们仅仅是在维持婚姻生活，实际上心理并不成熟。

因为害怕被厌恶而谦让，进而让自己变得厌恶对方，又因为不能表现出厌恶的情绪而变得抑郁。

在害怕继续被厌恶的这种恐惧感里，心理是无法成长的。

人需要在安全的环境下成长，只有确保了安全，才能发现更高层次的需求或冲动。就像马斯洛所说，如果安全受到威胁，那么就会退行到基础的需求层次。

一般只有感觉到安全的孩子，才能够健全地成长。没有被满足的需求，常常会在心底不停地渴求满足。

神经症性的利己主义的母亲是不会给孩子反驳自己的机会的，所以很多时候，这样的父母给孩子造成的影响会比真正的利己主义的父母对孩子造成的影响更糟糕。

这些人的非利己主义不是给对方需要的东西，而是自以为是的非利己主义，也就是没有自我的非利己主义。

所以，这些人付出的努力不仅常常没有结果，有时还会导致悲剧的发生。

自以为是的非利己主义是没有关心对方的非利己主义。大家可能会觉得这句话很奇怪，这实际上是为了自己的非利己主义。

他们只是为了治愈自己内心的伤口而需要对方，是为了逃避自己内心冲突的非利己主义。

大家都不知道其实这个神经症性的非利己主义是神经症的一种症状。弗洛姆说，这些神经症性的非利己主义者没有为了自己而想做的事。

我之前提到过，神经症性的非利己主义者会说"只要你幸福，那我怎么样都无所谓"，这是他们在没有爱的情感存在的时候才会说出来的话；是在自己没有努力的时候才会说的话；也是那些给孩子带来不好的影响的父母会说的话；更是那些让孩子在成年后患上彼得·潘综合征 [1] 的父母会说的话。

会说这种话的人没有做好自己应该做的事情，是借人之物来图一己之利的人。

弗洛姆说过，说"只要你幸福，我就无所谓"的人，他们之所以会这样，其实是因为神经症性的非利己主义是神经症的一种症状表现。

这类人会感到抑郁、疲惫、无法工作，和亲近之人之间的关系也没法顺利发展。

而且弗洛姆还指出了更重要的一点——这样的人内心充满憎恨。

在非利己主义的背后，其实隐藏着极为夸张的自我中心性。所以，说这种话的父母会导致孩子变得不正常；说这种话的女性会让男性变得不正常。

---

[1] 彼得·潘综合征是指在面对社会的激烈竞争和残酷倾轧时，越来越多的成年人喜欢"装嫩"，渴望回到孩子的世界的心态。这种心态如果发展到极端，就会沉溺于自己的幻想，拒绝长大。

不被别人所需要就无法认可自我价值的原因

只有被他人需要才能感觉到自我的价值

我之前已经提过很多次神经症性的非利己主义者所做的是得不到回报的努力。而且那是为了治愈自己心灵而做的努力，并不是为了实现自己的潜在能力而做的努力，也不是为了别人而做的努力。

神经症性的非利己主义者在尝试解决自己人格上的矛盾时受到了巨大的挫折。

因为没有自我价值感而感到痛苦的人，还没有机会通过自我实现来体会到自我价值就长成了社会意义上的大人。

对这种人来说，"为对方尽心尽力"的意思就是"束缚对方"。

如果不束缚住对方就会让他们觉得不安。难以消除的不安和焦虑导致他们有着很重的嫉妒心。

他们心底隐藏着无意识的敌对倾向。

神经症性的非利己主义者不允许自己对别人有敌意。

他们的心路历程如下：

一开始对爱有着过分的需求，对别人有强烈的依赖心理。如果这些需求没有被满足就会产生敌意，但是他们因为害怕失去爱又不得不压抑这种敌意，然后就会间接表现出非利己主义的行为。

自我执着地讨好他人的人和神经症性的非利己主义者的心路历程基本上是一样的，所以和别人的关系没法很好地维持下去。

自我执着地讨好他人的人是内心有强烈冲突的非利己主义者。

为什么会尽心尽力到那种程度呢？

因为他们"需要被别人需要"（need to be needed）。只有别人需要自己，他们才能从中感觉到自我价值。

他们还没有机会通过自我实现来体会到自我价值，就这样长成大人了。就像我之前所说，他们被无自我价值感所折磨。

因为这个无自我价值感，会让他们觉得主张自我就像是一个独裁者一样。

为什么他们会这么避讳主张自我这件事呢？为什么会觉得如果这样做就会感觉自己像独裁者？

那是因为他们心底隐藏着无意识的敌对倾向，但是他们又不允许自己对别人有敌意。

这就是弗洛姆所说的神经症性的非利己主义者。

这种神经症性的非利己主义会让人对不存在威胁性的事物感到有威胁。

对健康的人来说，他人对自己的评价并不是很重要。除非有必要，否则不会为了讨好他人而做非利己主义的行为。因为他人并没有那么过分的重要。

神经症病人的人格存在着内在冲突，为了缓和这种冲突便强迫性压抑因此而产生的不安、焦虑和敌意。

神经症病人是因为在解决"依赖和敌意"这个矛盾的时候失败了，所以患上了人际关系依赖症。

因为他们并不知道自己的人格存在着内在冲突，所以只能成为神经症性的非利己主义者。

他们在服从和敌意的矛盾中恶性循环，无法自我实现，于是对他人抱有依赖的敌意，所以人际关系就成了依赖性的敌对关系。

误以为是自己牺牲自己去照顾别人

从社会角度来看的好事，却会让心理的成长产生停滞。

因为这些从社会角度来看的好事会让人变得不自由。

于是发生了马斯洛所说的，退行到基础需求层次的退行需求，自己让自己变得无可救药。

"只要你幸福就好。"会说这种话的母亲是一个神经症性的非利己主义者，会让孩子在成年后患上彼得·潘综合征。

这位无法用自己的力量而变得幸福的母亲，用缠住孩子的方式来拯救自己的内心。

"做你自己喜欢的事就好。""主张自我就好。"

虽然嘴上总是这样说，但是如果孩子主张了自我，母亲又会批评说："你怎么总是在抱怨。"这和绑上手脚游泳是一样的。

明明是自己牺牲了别人，却误以为是自己牺牲了自己去照顾别人。

有依存症的父子，常常会被媒体报道"这位父亲曾是个十分疼爱孩子的人"，但是实际上这位父亲是神经症患者。

如果孩子尝试从与父母的关系之中独立出来，却失败了的话，那么亲子关系就会变成依赖关系。

换一种说法，神经症性的非利己主义就是自我执着的非利己主义。如果过度要求自己，就会导致自己与他人的生活有过度的牵扯。

因为想让别人认可自己，所以会超出自己的界限去照顾别人。

不管帮助别人或照顾别人这件事，从社会期望的角度来讲有多好，只要那个人背后隐藏的目的是"希望获得更多的认可"，那个人与别人的关系就会成为双方的负担，从结果来说只会给双方带来痛苦与不满。

因为自己没办法让自己变得幸福，所以想要通过纠缠住对方来让自己变得幸福，并不是因为喜欢或是爱对方才这样做的。

即使做出了帮助和照顾别人的行为，也不会加强和别人的联系。在自己存在心理问题的情况下，对方会进入防御状态。也就是说，对方会因此没办法真诚地感谢你。

自我异化的人为了把自己没有自我的这个事实合理化，才会说出"为了你"这种话，而不是为了双方的关系。

因为喜欢对方而想要帮助对方的心情才能加强双方的关系，形成正常的亲密关系。

隐藏的目的是"看看我"

神经症性的非利己主义者的态度和悲观主义者的态度一样，都会巧妙地把内心的攻击性隐藏起来。

如果我们无法明确把握住别人所追求的"隐藏的目标"是什么，那么就无法了解别人的态度。

Thus we cannot fully understand the behavior of any human being without a clear comprehension of the secret goal she is pursuing;nor we can evaluate every aspect of her behavior until we know how this goal has influenced her whole activity.

上面这段英文的大致含义就是：如果不了解别人的动机，那么就无法理解别人的行为。

神经症性的非利己主义从表面上来看是悲观主义，但其实隐藏的目的是侮辱对方。

所谓"有毒的父母"指的就是这类总侮辱孩子的人。

一般来说，神经症病人都有侮辱他人的倾向，"有毒的父母"也一样。

这种父母养育出来的孩子的自我评价都很低，又或是会变得自我蔑视，会觉得别人比自己更有价值。

这种低自我评价会对这些孩子们产生巨大且持续的影响。

"只要你能幸福，我变成怎样都无所谓"，会说这种话的人就是没有自我的人，总之，不管用什么方法都要让"我"逃避责任，这是退行需求的典型例子。

"只要你能幸福，我变成怎样都无所谓"这种话是退行愿望，所隐藏的目的是"来看看我"。

虽然他们本人是想努力的，但是他们会觉得自己是在做得不到回报的努力。

因为自己没有心灵支柱，所以需要依靠别人的评价来证明自己的存在，自己对自己失去了希望，并且做着得不到回报的努力。

他们失去了什么呢？他们失去了成长的能力，还有对自身肯定的情感。

他们这类人养孩子并不以"将孩子养育成人"为目的，而是想要被人称赞才养育孩子。他们也不是为了对方才做这件事，而是为了让自己能得到关注才去帮对方。

无法控制自己不去指责对方，是自己无力感的投射

弗洛姆认为力量可以分为支配（domination）和能力（potency），这两种力量是相互排斥的。

失去能力而导致无能的结果就是只剩下支配的力量，导致丧失交流的能力和独立的能力。

所谓无能，指的是失去人类在所有不同领域的能力。

失去交流能力的父亲会支配孩子，从而导致亲子关系出现问题。

从心理学的角度来说，对权利的渴望不是基于强大，而是基于弱小。这是一个人无法生存下去的无能的结果，是对于缺乏真正的力量的绝望的尝试（desprate attempt）。

渴望权力是为了自我的安定。

压制在心底的无力感，会投射在对方身上，因此指责别人的

人一定会要求别人反省。但是即使对方反省了，也不会马上原谅对方。

如果不继续指责和攻击对方的话，那么自己就必须直面自己内心的矛盾，所以他们总是不停地苛责对方，因为只有继续指责对方，才能够让自己不用直面自己的缺点。

为了解决自己内心的矛盾而指责对方的人，是因为其现实的自己和理想中的自己背道而驰，从而感到痛苦，所以用苛责对方的方式缓解痛苦。

而他们指责别人的原因，是他们自己内心沉重的自卑感。

他们蔑视自己，却又不承认这个事实。压抑着自我蔑视的情感，而这种压抑的情感会投射到别人身上，所以他们才会指责别人。

总是执着于苛责对方，但其实有问题的不是别人，而是自己的内心存在着矛盾。

神经症性的非利己主义其实是巧妙地伪装起来的攻击性。

同时也是巧妙地伪装起来的退行需求。

说着"为了你"的话，把别人束缚起来。他们通过束缚别人来满足自己的退行需求。

神经症病人为了寻求保护和安全感会极端地讨好别人，或是极端地拒绝别人。

所谓神经症性的非利己主义就是为了解决矛盾而进行尝试后所受到的挫折。

就像在恋爱里面，如果没有解决内心的矛盾，就会患上恋爱依赖症，也就是会为了对方付出大量的时间和能量。但是却没法发展成亲近的关系，这种大量的努力都会变成得不到回报的努力。

尽心尽力地帮助他人其实是憎恨的伪装，是强迫性的。憎恨的强烈作用导致行为变样，然后进一步伪装成卖惨。

戴上"为了你"这类爱的面具登场

对自己失望的虐待狂们通过说"只要你幸福就好"这种话来纠缠对方。

通过胡搅蛮缠来显示自己存在的地位。

神经症性的非利己主义是巧妙地伪装起来的攻击性。

悲观主义者和神经症性的非利己主义者一样，都是很冷漠的人。因为他们的心里都有被隐藏起来的攻击性。

拥有强调"我明明为你做了这么多事"这种动机也是他们的特征。

就像有些婆婆叫嚣着"我为了儿媳妇和孙子的幸福做了很多努力啊"一样。

总是凸显"我是为了你"的人会将对方推入地狱。

婆婆认为儿媳妇和孙子"都应该好好感谢我"。因为受不了这个婆婆的纠缠，她的儿媳妇和孙子都离她而去。

然后她就像个跟踪狂一样紧紧纠缠着她的儿媳妇和孙子。

"希望你不要打扰我。"如果儿媳妇这样说，就会激怒这个婆婆。她会这样说："我只是希望孙子能够幸福，连这样都不行吗？你这样做太残忍了！"

这个婆婆这样的神经症会把原来站在自己这边的人变为敌人。

她接二连三地与周围的人为敌，最终变得孤立无援。

即使现实里她已经变得孤立无援，但她还是固执地认为"大家都很信任我，很尊敬我"。

因为她做的所有事都是为了否认现实，所以无法和她正常沟通。如果稍微露出想要中断谈话的苗头，她就会叫道："你这是要逃避问题吗？这都回答不了吗？真是个卑鄙小人。"这时，她的愤怒已到达到了极点。

她会紧紧缠住惹怒自己的对象，紧紧缠着不放。而之所以会愤怒到极点，是因为对方可能会挂电话的这个可能性而产生的不安感达到了极点。

这样的咨询者是孤独的，因为他被大家孤立了。他身边的人都发出痛苦的呻吟，从他身边逃离了，然后又被他紧紧缠住。

对生活的憎恨戴上美德的面具登场，这就是神经症性的非利己主义。

因为自己是个胆小鬼，所以不敢直接说"为了挽回自己的脸面"，而是说"我这是为了你好"。

患有神经症性的非利己主义者中，既有没有爱人的能力的家长，也有患上职业倦怠的职场人士。

养育孩子是为了向别人证明自己

有位和父亲大吵一架的咨询者，边哭边和我叙述了以下事情。

她的父亲说："那个男人做的是社会最底层的工作，你这就像是男人从俱乐部小姐里挑选结婚对象一样。对这个工作抱有自豪感和白领对工作抱有自豪感的层次完全不一样。你知道你是谁的女儿吗？你可别给我脸上抹黑。我们可是要说'我女儿就拜托你了'这种话的。你觉得如果他是我，他有脸这样说吗？你要是和那个人结婚了，你的两个妹妹要相亲的时候，征婚简历上就会沾上这个污点。对那家伙来说，能娶到一个医生的女儿应该就像是天上掉馅饼一样的好事吧。不管他是什么温柔又可靠的人，这种人不是到处都有吗？"

她的父亲还说："我是为了你能幸福才这么说的。"

她的母亲说："你以为谁最希望你能幸福啊？"

一位 68 岁的女性在 30 年前离婚了，自己一个人把女儿拉扯大，还会帮女儿照看外孙。

她为了和女儿住一起，还专门买了一套房子。银行的人都惊讶了。这确实是会让人惊讶的依存症。

她一直都是为了女儿能幸福而活着的。

"去死吧，想杀了他。""好后悔。"

这是她对前夫的憎恨，还有对自己双亲的憎恨。

为了逃避现实而养育孩子，是因为想要证明给别人看。

行为是正确的，但是动机是错误的。

还有一个事例，事例中的男人和为了掩盖对丈夫的绝望而养育孩子的女人的动机是一样的。

这是一位 50 岁左右的男人，打电话来进行咨询。他在一个月前离婚了，变回了单身。他叹息道："我明明是把孩子当成生存的意义而工作的，结果我那两个女儿都说不想再看到我。"

他说他作为名门世家的长子，必须成为一名优秀的人，所以从小就是接受着严厉的教育长大的。他说跟加藤老师咨询后才初次察觉到是因为失去自我，所以才会不但不喜欢双亲和妻子，就连孩子也不喜欢。

他们并没有带着"将这孩子养大成人"这种目的，而是为了被人夸赞才养的孩子。也就是说这类人不是为了对方而做事，而是为了让自己得到关注而帮对方做事。

和恋人的关系也是一样。

明明是要给别人送礼物，却非要为了炫耀自己多有钱而特地购买昂贵的礼物。这样的人不是为了送对方想要的东西，而是为了炫耀自己所拥有的东西。

如果自己有一亿日元就会想要展示给恋人看。

"只要忍耐一下就好"其实隐藏着依存心理

有想着"只要忍耐一下就好"而忍了 20 年的人。

为了孩子、公公和婆婆，即使忍了 20 年仍然打算继续忍下去的人，实际上有着很强的依存心理，是在扮演好人的角色。

习惯性妥协的孩子，并不是想要顺从他人或靠近他人，而是想让自己成为非利己主义的"好人"。

富有攻击性的人会认为力量、忍耐力或战斗力才有价值。

受虐狂都会有无意识的依存心理。更重要的是，他们的依存心理和敌意都是成正比例增长的。

"只要你能幸福，那就可以了"，这样的话只是虐待狂伪装成爱的表现而已。

在恋爱和养孩子的事上受挫的人会说"只要你幸福，那就可以了"，这是受虐狂般的努力，而且是有着强烈的依存性的表现。

虐待行为戴上爱的面具登场。所谓"为了你"这种爱的台词，大多数时候都是谎言。

对生活的绝望通过虐待行为表现出来。表面上打着"为你好"的旗号，实际上是通过支配对方来治愈自己的内心。一边说着"为你好"这种话，一边否定对方的存在，否定对方的想法和感知。

用"为你好"这种爱的台词，将自己的想法强加给对方。

虐待行为就是通过攻击别人，来逃避自己内心的依存性和绝望感。因此他们不得不去攻击别人。

虽然肉体上的虐待行为很容易让人看清楚，但是精神上的虐待行为却很难看清楚。因为这是被隐藏起来的攻击性。

最重要的是，施以虐待行为的本人察觉不到自己的内心，他们认为这是爱。

在他们的有意识里会觉得这是正义，但其实在他们的无意识里是憎恨。

有着神经症的人会变得"光荣且孤独"。这是卡伦·霍妮对神经症病人症状的定义。

大部分神经症患者会认为自己是那种谁都无法理解的神，现实却是如失望的虫豸一般孤独地行动着。

第四章

就算不被别人认可也没什么

—— "真实的自己没有价值"，这种认知是错误的

我失败的人生没有一点价值……

觉得自己的人生没有价值
是一种自卑感

父母的自卑感灌输给了孩子

自卑感这个词，在每个人的心里都有着不同的意义，人们也会因此产生各种各样的用法。

在我这里，是当作不好的意义来使用的，但是根据不同的人也可以有好的意义。

不同的人会赋予自卑感这个词汇不同的意义，比如说，人类正是因为有自卑感，才会努力，才会思考如何进步，这就是把自卑感这个词赋予了积极的意义来使用的。

有的人也会赋予这个词"关注自己"的意义来使用。

比起说自卑感本身意义是好还是坏，要是不能确定使用自卑感这个词汇的人是以什么目的使用的话，就无法争辩出这个词到底是好还是坏。

在这里我是用的不好的意义来使用自卑感的。

我翻译过的乔治·温伯格的著作，他的书里写了一个名叫拉尔夫的少年的病例。

拉尔夫很希望能够提高别人对他智慧的评价。因为在他的家庭里最看中的就是头脑聪明。

如果一个孩子没有答出父亲在晚饭的餐桌前提的问题，那么那个孩子就会成为笑柄。

拉尔夫既不是运动爱好者，也不帅，又不够幽默。

他从小都是因为头脑聪明而受到夸奖，他是在家以外的地方清楚了这件事，从而成了因受到夸奖而骄傲自满的学生。

他确定了自己只有聪明这一个优点能获得表扬。

那么只要有机会他就会展露他自己的聪明才智。他认为他聪明的头脑是他唯一的特质，并以此为前提而行动，他越是这样做，就越坚信这个事实。

拉尔夫的父亲毫无疑问有着很深的自卑感。他认为只有聪明才是有价值的，而且他认为自己不够聪明。这种深刻的自卑感，通过这样的生活态度表现出来。

应该怎么解释他的动机呢？

其实动机是这样的：他认为只有自己够聪明，才能获得别人的认可。

如果连这个权利都被剥夺的话，他们就会认为自己毫无魅力可言，是个无足轻重的人，然后会受到别人的怜悯和轻视，他们对此深信不疑，因此才会做出某种行为。每当自己受到夸奖后，都会加强这个信念。

弄错了别人眼中期待的自我形象

想要被别人喜欢这个目的并不是错误的。

有问题的是信念。

信念是错误的。

某个行为的动机总是包含着两个要素：目的和信念。

所谓信念，就是相信为了达到这个目的而做的行为是有效的。

内心压抑着自己的人，会在别人对自己有什么期待的事情上理解错误。

因为压抑着自己，所以没法与别人有心灵的沟通才会导致这种事情发生。

就像是狗装成主人喜爱的样子，它觉得别人也会喜欢自己这个样子。

为了不燃烧殆尽

拼命工作是攻击性的表现

有一类人，会为了隐藏自己无法与别人发展亲密关系的事实而拼命工作。

当被人说"明明是个男人居然不去喝酒"之类的话，他就会更加沉迷工作，内心变得更压抑，没有办法进行心灵的沟通。

他们即是卡伦·霍妮所说的"惊人的工作能手"（a prodigious worker）的这类人。

研究自然治愈力的专家安德鲁·威尔在《自发的治疗》一书里写了一个很有趣的例子。

坏了的引擎虽然仍可以咔嗒咔嗒地猛烈运转，但是不能很好地完成它的工作。

卡伦·霍妮称这类人为"傲慢的复仇者"（the arrogant-vindictive type）。

她说，这类人是通过工作来表现他们的攻击性的。

他们虽然不享受工作，但是不会感到疲倦，而且会被工作以外的生活的空虚感所折磨。

如果不是卡伦·霍妮指出这一点，他们自己是无法察觉到自己在被孤独感和空虚感所折磨着。

弗洛姆也同样提出过孤独感和无力感。

弗洛姆说，通过精神分析的方法来观察有受虐倾向的人，从大部分实例中发现了这样一个事实，即他们内心充满对于孤独感和无力感的恐惧，受虐狂般的努力能够帮助他们从这种孤独感和无力感中逃脱出来。

他们会拼命地工作，产生被害者意识，本质上他们和那些不想工作的心理不健康的员工的心理是一样的。

如何拥有享受工作的心态

那些典型的拼命工作的工薪阶层打破了人生中最重要的平衡。从他们是如何无视家庭而去拼命工作这件事上就可窥知一二。

当然，如果这些"惊人的工作狂"本身是享受工作的话就另当别论了。但如果他们是享受工作的，那么就不会这样复仇般地拼命工作。

　　对于"惊人的工作狂"来说，成为"万能的人"是因为自己那受伤的自尊心而对自己提出的要求。

　　为了满足这内心的要求，会变得只能从这个角度看问题，所以也会出现有人因为过度工作而损害健康的情况，甚至度过这不幸的一生。

　　拥有享受工作的健康心态的秘诀就是抛弃那愚蠢且虚伪的自尊心，自然就能过上幸福的生活。

　　想要抛弃那虚伪的自尊心并不是件容易的事。

　　即使是在公司做着一样的事，人际关系相处得不好的员工会比有朋友的员工有更多的压力。如果家庭经营得不好，那么在工作上也会有影响。

　　患有职业倦怠的人即使一直为工作而活，最后也会在工作上受挫。这样的人就是卡伦·霍妮所说的"a prodigious worker"——"惊人的工作狂"，这些人大部分都不会成功，反而还会产生职业倦怠。

　　而且最重要的是，"傲慢的复仇者"是很小气的。即使成功了，他们也不会为别人付出。他们只有在想要获得别人的感谢的时候，才会为别人付出，他们是不会心甘情愿地无偿付出的。

　　"惊人的工作狂"还有一个特征是不懂得简单的幸福是什么。

有些职员是拼命地工作，有些职员则是懈怠、懒惰，虽然这两种人的工作态度是相反的，但两者都是攻击性的伪装，不过是伪装的样子不同而已。

"不做错误的努力"，为了不燃尽自己，这个决定是必要的。"错误的努力"是不能给人带来满足感的努力。有的人即使从社会的角度上看是失败的，但是他们并不后悔。这样的人就是没有做"错误的努力"的人。

塔塔科维奇说过，正因为牺牲式的付出才没法变得幸福。这句话十分正确。

这正是那些做着得不到回报的努力、得不到幸福的人过得悲惨的原因。

因为一直背负着各种各样的枷锁生活，所以才会失去充满希望的未来。

学会认同真实的自我价值

只能通过他人评价来认识自我价值的痛苦

需要被人认可、被人称赞、被人接受，才能够确认自我价值的人是很容易被别有用心之人所蚕食的。

不要选错交往的人。这是对那种会燃尽自己内心的人的箴言。

要和能够让自己发挥最好状态的人交往。这也是一句箴言。

追求自我实现的人，有着强大的现实认知能力。

而自我排异的人，有着扭曲的现实认知能力。

而那扭曲的现实认知，则会导致人走向疯狂。

虽然拥有正确的现实认知和正确的自我认知是一件痛苦的事

情，但是这个痛苦也正如阿德勒所说："痛苦通往解放和救赎。"

患有职业倦怠症的人没有去探查痛苦的根源。

只有去查找痛苦的根源，"痛苦通往解放和救赎"这句话才会成立。

患有职业倦怠症的人，并不去查找自己痛苦的根源，而是希望有人能够理解自己现在的痛苦，希望有人能够接受自己内心的阴暗。

他们伪善、蔑视世间、一切只在口头上承认、将逃避的现实当作真实，他们寻求着这种神经症性的非利己主义。

简单来说，他们希望找到只要抱有"想要变得幸福"的念头就能变幸福的方法。

他们希望能遇到一起说"天下乌鸦一般黑"的人，他们希望的是这种共鸣。

在一本关于如何处理女性烦恼的书里就出现过一个名叫简的女性的例子。简在 4 岁的时候皮肤被严重烧伤，她因此受到孩子们的嘲笑，没有孩子愿意和皮肤严重烧伤的简一起玩。

简在 9 岁的时候得了骨癌，进了医院治疗，之后简的自我印象就在"烧伤的简"这个标签的基础上，又增加了"生病的简"这个新的标签。

基于这个自我印象，简以成功为目标而过于努力。

在高中时期，她参加选美比赛获得冠军。在大学时期，她为了受欢迎而竞选班长，并且成功了。之后她考上了硕士研究生，做着两份工作。后来她结了婚，完美地扮演着母亲和妻子的角色，还成了一名模范教师。

但是她仍然很焦虑。

她说："我的努力全是因为我的心中有这样一个观念：如果我不继续努力的话，是没有价值的。"

这就是她努力的动机。

不管自己多么成功，她内心里总是会有一个声音说："这样是不够的。"

她的自我印象越成功，她的生活就越糟糕，最终她离婚了。

她过的是心灵没有依靠的人生。

"不努力就没有价值"，有这种自我印象的人和有着"不论怎样我都很有价值"这种自我印象的人，他们眼中的世界是完全不同的。

在"没有治愈能力的家庭"长大的人和在"有治愈能力的家庭"长大的人，他们所看到的世界是完全不同的。

从根本上觉得自己没有生存价值的人和从根本上觉得自己有生存价值的人，他们所看到的世界也是完全不同的。

正因为觉得自己如果不继续努力就没有价值，所以在没有获得别人的表扬的时候，就会觉得自己没有生存价值。

　　而一般人就算没有获得别人的表扬，也是认为自己有生存价值的。

　　过去的人际关系有多重要？

　　过去身边围绕着什么样的人，会影响现在的感情。

　　我们正是受着各种限制而生活，才会失去有前途的未来。

　　我们在成长的过程中，和一些没有关系的事物建立了心理上的联系，从而造成了心理上的事实。

　　有人会害怕兔子是因为兔子给他们带来过不好的体验，而这种体验就会引起认为兔子很恐怖的过度一般化 ① 心理，从而对于并不恐怖的事物产生恐惧的心理。

　　有的人会害怕现实，因为它会伤害自己，就算没有伤害自己，也会因为时刻警惕而感到疲倦。

　　神经症患者把现实当作敌人，认为它会伤害自己。

　　幸运的是，简通过心理治疗得到了治愈。

---

① 过度一般化即认为一次事件的结果会影响所有类似事件的结果。

"不努力就没有价值"的自我印象

　　每个人扮演的社会角色是很重要的，如果自己的角色被否定了，那么就意味着被剥夺了价值。

　　有着"如果我不继续努力，就没有价值"这种自我印象的人，在日常生活中也总是很容易受到伤害。

　　这类人本质上有着自我蔑视的心理。

　　只有获得别人的表扬，他们内心的自我评价才能保持和普通人一样在零的位置上。如果没有受到表扬，他们对自我的评价就会跌成负数，也就是说，他们会感到价值被剥夺了。

　　所以他们如果没有受到表扬，就会感到受伤。

　　"不努力就没有价值"，有这种想法的人，如果没有获得表扬，他们的感受和正常人被贬低时的感受是一样的。

　　因为觉得自己不努力是没有价值的，所以没有受到表扬的时候，就会觉得自己没有生存价值。

　　而一般人就算没有受到别人的表扬，也会觉得自己有生存价值。

　　认为"我不努力就没有价值"的人有多容易受伤，心理健康的人是不太能理解的。

因为那类人从根本上觉得自己没有生存价值，而心理健康的人觉得自己本就是有生存价值的。

如果没有办法接纳自己的话，就算有上百万人爱自己，心里的情感饥渴感也不会消失，强迫性的人格也不会消失，焦虑也不会消失。

如果你为了补足一个缺陷而过于努力的话，那么就会发生很奇妙的事情。你可能会对自己这样说："如果没有这个缺点的话，那么一切都会变得更棒。"

你为了改正这一个缺点而倾注了全部的能量，那么这样会发生什么事呢？你可能可以改正身上的这个缺点，但是会变得没以前那么喜欢自己了。

这件事就发生在欧文身上，他是一个因为自己过于瘦弱而烦恼的青少年，他认为要增加体重，只有锻炼才是解决所有问题的方法。

然后，他花费了很多时间在锻炼上，最终他练出了强壮的体格，他的缺陷也不存在了。

但是他的新外表和健壮的体魄给他带来了更多的烦恼。他变得害怕年龄增长，害怕生病，也害怕不管用什么方法都会令自己受伤的状况。

他人不经意的一句话就让自己感觉被完全否定

有一位退休的老人，他在家照看孙子的时候孙子受伤了，他的妻子回来后说他："你连看着孩子都不会吗？"

而这位老人就因为这一句话而自杀了。他死去的时候，大概憎恨到想要诅咒别人吧。

他觉得"自己如果没有用的话，就没有价值"，然而，因为"你连看着孩子都不会吗"这句话，让他觉得这种最微小的价值都被否定了，他内心所受到的伤害应该是已经深到无法表现出来的程度。

回到前文的简的故事。即使变得成功，简内心的焦虑也无法消散，而焦虑无法消散，就意味着不安无法消散，因为焦虑是不安的一种症状。

为什么简没有办法让焦虑消散呢？那是因为她走过的这段人生之路让她在心里积攒了一股庞大的愤怒的情感。

过去自己身边有着怎么样的人，会影响现在的感情。

对于从小就生活在有着很大压力的环境中的人来说，生活就像是走在埋着很多地雷的土地上一样。

和那些走在没有埋着地雷的土地上的人相比，他们过着完全不同的人生。

所以会觉得并非侮辱的话是对自己的侮辱。

问题都是从小小的PTSD^①开始积攒起来的，所以扁桃核^②总是处于过剩的觉醒状态。

这就能理解为什么不安的人总是对别人抱有大量的敌意。

不能帮到别人，就觉得自己没有生存价值

就算是抑郁症患者也有心情好和心情不好的时候。心情不好的时候就会无缘无故地觉得不愉快。

在心情不好的时候思考一下"自己刚才为什么会因为这个人的这句话而感到心情不好"，就能扩宽眼前的生活之路。

如果周围的人说出的某些话、做出的某些行为，否定了自己的社会角色，就会理解原来社会角色对于自己价值的存在是很重要的，也能够理解被剥夺了社会角色就相当于被剥夺了价值。

为什么自己会这么注重自己的社会角色？

如果能这样思考的话，就能察觉到迄今为止都是根据社会角色来评价自己，实际上自己完全没有真正地爱着自己。

---

① PTSD：创伤后应激障碍。
② 扁桃核：大脑核之一，与本能行为、动情行为、自主神经机能的出现有关。

这样大概也能理解为什么自己自出生以来的成长过程中，身边没有共同体，而都是机能集团。

机能集团常常都是根据有用性来评价人的价值，如果不通过事实有用性来评价人的话，那么机能集团就没有办法维持下去。

但是共同体不是机能集团，在共同体里都是因为这个人本身的存在才有意义。在共同体里，最重要的不是这个人是否有用，而是因为那个人就是那个人，所以他才值得被爱。

希望别人能认可自己的有用性，就像是渴了需要喝水一样，希望自己能通过这种有用性获得别人的感谢。

"多亏了你，我们才能成功，谢谢。"他们渴望这种话。

这就是他们理解的生命价值。

当这种有用性的价值被否定的时候，他们就会觉得不愉快，就像人们感到威胁的时候就会变得不安。

他们过着除了有用性以外，自己的其他生存价值都不被认可的人生。

他们认为，真实的自己是没有生存价值的，真实的自己只是会给别人添麻烦的存在。所以有用性是一种救赎，正因为有了有用性，别人才会认可自己的存在。如果没有有用性，自己就会被丢弃。

因为这种心理而得抑郁症的人，最看重自己的社会角色。自己的社会角色具有有用性，他们才能够从内疚中解放出来。

因此，在没有社会角色的地方，他们认为自己是不能继续生存的存在。

烦躁的情绪是自己被否定而产生的愤怒

人之所以有时会感到烦躁，是因为自身生命的价值被否定了。

因为生命的价值被否定而受伤，所以感到愤怒。不管什么事都没办法如自己期望的那般发展，一件又一件事叠加起来就让人越来越烦躁，甚至自己也不知道为什么会这么烦躁。

他们会认为，真实的自己是无法生存于世的，他们内心存在这样的内疚感。再加上明明想要别人称赞自己，却又得不到称赞，内心的不满逐渐积累。

正是由于上述这些各种各样复杂的心理让人感到抑郁，变得烦躁，无论怎么做都无法让自己开心起来。

他们一受到质问，就会在回应质问之前先说借口，这是一种自我防御。

这类人总是处在害怕别人会攻击自己的心态中。

他们从小开始就总是被别人说："你是一个麻烦的存在。"

不愉快的心情是各种各样的。可能是因为自己的角色被否定，导致价值剥夺而感到不愉快；也可能是因为无法抑制敌意而感到不愉快。

因为别人微小的言行举动，就会刺激到他们在无意识里所抑制着的敌意，会刺激他们内心想要杀掉不可原谅的人的心情。

他们可能会察觉到自己这种想要把其他人都杀掉的心情。在自己的无意识里，有着很强烈的敌意，而过去自己一直都是抑制着这种敌意而安稳地生存的。

如果能够好好内省，思考自己为什么会这样，就能了解自己常年都压抑着敌意而生存的这件事情。

把爱当作报仇是非常危险的

自我无价值感是一种认为真实的自我是毫无意义的感觉。

只要自己不能给对方带来什么利益，就会觉得自己没有生存价值。其他人仅仅是表现真实的自己，就已经有生存的价值，自己却要给他人带去利益，要不然就没有价值。

这和讨好型人格的人想要尽力讨好他人是一样的，因为只要自己没有得到他人的认可，就会觉得自己没有生存的价值。

在别人身上是可以原谅的事情，但是放在自己身上就无法原谅，他们会因此产生一种孤立感和孤独感。

他们会觉得自己和别人是不一样的，会觉得只有自己和别人是不一样的，真实的自己是不存在的。

这种感觉有可能是比自己被大家所厌恶的异化感更为深刻的痛苦。

在最亲近的地方被拒绝所造成的内心伤害并不是那么简单就能够治好的。

他们会变得无法跟别人亲近，会恐惧亲近。

被这样养大的人，当然是连基本的需求都没有被满足的，基本的需求即对于归属的需求和爱情的需求。

他们并不是在母亲的爱里长大的。

他们本质上是不满的。

他们在心里爆发不满，即使爆发了也不能表露在外，所以自然会因此变得抑郁和烦闷。

在这个基础上，他们就会把爱当作报仇。

只要一直把爱当作报仇，真实的自己就永远不允许存在，连一秒生存的价值都没有。

总之，先确定自己为什么会这么抑郁和烦闷，然后通过自己抑郁的情感来探寻自己的内心究竟有什么不满足。

这样就能发觉，其实从小开始，真实的自己一次都没有被重视过。

有着强烈的不安感的人，不管他人如何爱自己，都无法感受到自己是被爱着的。只有内心沉稳的人才能感觉到自己是被人爱着的。

其实，人并不是因为被爱才会变得幸福，而是因为幸福，才能够感觉到别人对自己的爱。

享受生活

感觉生活很辛苦是因为弄错了目标

有很多人都是被某种事情追赶着终结一生的。这样的人往往都给自己确立了一个不适合自己或错误的目标，因而觉得生活很艰辛。

这样的目标会妨碍他们发挥自己的潜在可能性，因而感到焦虑。

实际上，这类人并不了解自己的目标是什么。

如果某人真的很喜欢包包的话，那么就会坚定地去买包包。

但是如果那个人实际上并不喜欢那个包，只是因为有人说"那个包真好"才去买包的话，如果中途有另一个人说"那家美容院很不错"，他就会放弃买包包，改为去美容院。

也就是说，有着不适合自己的目标和错误目标的人，他们没有喜欢的事物。也可以说，他们其实是没有目标的，也没有喜欢上某种事物的体验。

他们没有察觉到自己真正想要的东西，因此对自己没有信赖感。

察觉真实的自我

当觉得生活很痛苦的时候，首先要察觉到自己其实并不享受生活这件事。可以试试对自己提出下面的问题。

如果自己的内心能放松的话，自己是不是能活得更轻松一点儿？

是不是总是有什么东西在阻碍自己内心中孕育的新东西？

试着这样对自己发问，就能够察觉到自己是否在自主性还没有发展好的情况下，就被推着向前；又或者在自己的能力发育变得不平衡的情况下，没有在做自己喜欢的事情；等等。

这样应该就能够察觉到自己迄今为止都没有展露真正的自己。因为自己没有做过自己喜欢的事情，只会在意别人的事情，所以会变成不知享受的人。

对这类人来说，不管是苹果、香蕉还是橘子，味道都是一样的。当别人说苹果好吃的时候，他们就会去吃苹果；当别人说香蕉好吃的时候，他们就会去吃香蕉。都是因为别人说好吃他们才会去吃，而不是因为自己想吃才去吃。

我们应该好好反省一下，自己的人生如此艰苦的原因到底是什么。不自己反省的话，这一生就会一直做自己不喜欢的、令自己痛苦的事情。

有很多人都是朝着错误的目标而生活的。如果不能切实了解这件事情的话，那么人就无法改变目标。

难得出生在这个世界上，有的人却不知道自己是为了什么而生，每天都认真地努力到极限，最终疲惫不堪地死去。

这些人就像做着辛苦的临时任务一样，没有怨言地流汗劳动，在休息的时间也没有吃自己想吃的东西，食不知味地吃着盒饭，然后离开这个世界。

有职业倦怠的人也是一直拼命地走在错误的道路上，而不会去游玩放松。游玩能培养创造性，能帮助人们跨越困境。

燃烧殆尽的人，不管是身体还是心理都疲惫不堪，但其实在变得疲惫不堪之前、在心灵枯萎之前，就必须休息。

但是他们为什么要拼命工作到燃烧殆尽呢？为什么他们要讨好周围的人，承担别人的工作，直至心灵枯萎呢？

这是因为除了做成现在所做之事，再没有其他东西能够体现他们的价值。

那么，为什么没有其他东西能体现他们的价值呢？

真的是到了为了维持自己的生活，不得不燃尽自己去工作的地步吗？事实上，并不是这样，他们之所以那样努力工作是因为他们希望大家对他们能有比较高的评价。

面对着"成为领导，忙坏身体"和"不当领导，拥有健康的身体"这两个选择的时候，有自卑感的人大多会选择"成为领导，忙坏身体"这个选项。在忙坏身体之后，他们就会仇视别人，因为他们得不到自己期待的他人对自己的评价。他们会因为"我那么照顾那个人，他居然没有来探望我"这样的理由而生气。

不要勉强自己才能更顺利

燃尽自己的人，不管是在工作上还是恋爱上都很努力，但总是得不到自己想要的结果。

比如，不管工作多忙，也要去见恋人，这就是在勉强自己和恋人见面。但因为是勉强自己才会和恋人见面，所以总是摆出一副"我是勉强自己过来见你"的脸色。

"我的工作很忙，但为了你，我还是勉强过来见你了。"他们这样做是期待别人能感谢自己，而不是因为爱。

这样会导致他们的恋人不开心。他们就会觉得："明明我都这样勉强自己来见你了，你还不懂得感恩。"然后变得不开心。

即使勉强自己去努力，也没得到一个好结果。

实际上，这种时候只需要给恋人打个电话，说明工作很忙就好。打个电话不是难事，还能向恋人表达自己的真诚，让恋人觉得："不管他多忙，都会给我打电话，代表他心里有我。"这时恋人也会体谅地说："你工作很忙对吧？要加油！"

也就是说，明明只是通过短信或电话就能解决的事情，却勉强自己和恋人见面，那么事情的结果不仅会偏离预期，还会遭到对方不好的态度对待。

燃烧殆尽的人的努力和勤奋也差不多是这样。

他们不知道交往的方法，没有这方面的智慧，只是在勉强自己去配合对方，通过委屈自己让对方对自己留有感情，所以总是会得到憎恨对方的结果。

在这时候好好想一想，为什么会变成这样的话，眼前就会豁然开朗。

因为在意别人的眼光，所以总是不愿好好展露真实的自己

我翻译过一本名为《名言能开阔人生》的美国格言集，书中有

这样一句话："寻找让上司对自己的评价变得更好的方法。"

有着强烈自卑感的人，为了提高上司对自己的评价，会把自己做过的事急于炫耀给上司看，这种人不择手段地让上司看到自己优秀的一面，但是结果反而会让上司对自己的评价降低，最终让自己很郁闷，愤愤地觉得"我明明这么优秀，这太不公平了"，并为此而烦恼。

就像我之前说的一样，只要是冲着让上司对自己的评价变好而努力的话，总有一天会被上司认可。关注你的人自然会看到你的努力。先有努力的你，才会有能看到你努力的上司，这样你的工作自然就会开始有转机。

恋爱也是这样。人们总是希望自己的恋人是完美的，并为之而努力，所以女性会让男性穿上她们认为好看的衣服。而自卑感强烈的女性并不希望自己的恋人受到其他女性的欢迎，并不希望男性穿上好看的衣服。

美国临床心理学家赫伯特·J.费登伯格说过，难以患上职业倦怠的人会选择和自己能力相匹配的目标，他们都是乐天派。

这种人十分懂得生活，他们的努力才容易取得成果。

极端一点来说就是不要勉强自己去努力，要学会"偷闲"，这正是因为了解何为正确的努力才会这样做。

不要勉强自己的意思就是要多花点儿时间做好准备。

勉强自己就是指过于急躁地想要在短时间内取得成果。

一件事情你做得到就自然做得到，焦躁不是一件好事。患上了职业倦怠的人，不知道做事情需要花费时间，也不会事先做好心理准备。

当然，也不是说人就不能勉强自己去做某事，有时候我们不得不勉强自己去做某些事情，但是这都是在某些特定时期才会这样。

那些选择与自己的能力相适应的目标的乐天派们就算摔倒了，也只会想着"我只是摔倒了"，然后直接接受自己摔倒的事实。而且在摔倒的时候也不会情绪低落，而是去思考"这时候应该怎么办"。

而有着职业倦怠的人，要是摔倒了就只会感叹自己会摔倒，而不去反省自己为什么会摔倒。

当发生了不好的事情，乐天派会马上处理问题。他们受伤之后，如果去医院马上就能治好的话，他们就会马上去医院。

而有着职业倦怠的人却只会在那儿感叹自己受伤这件事，而不去医院。

不是为了别人，而是为了自己而活

让我们先看一下分手后很容易怨恨恋人的人，在做饭时的心理过程。

他的对象有糖尿病，但即使这样，他仍然给对象做了高糖的食物，因为这样比做健康餐要节省时间，他不知道对方到底需要什么。

他不会用新鲜的食材，也不会花费时间和精力去寻找新鲜的食材，更不会特地花时间提前准备，他会适当地节省时间，然后表演给对方说"你看，我给你做了多么好的一顿饭"。他在被分手之后还会因为想着"我都为你做这么多事了"而怨恨对方。

接下来，我们看一下分手后不会怨恨对方的人，在做饭时的心理过程。

他会为对方的健康而考虑，会花时间采购新鲜的食材，会注意不容易察觉的细节，不会因为某道菜要花费很多时间而不想去做。

这是一位母亲的故事，她的孩子已经到了要上小学的年龄，临近开学前的四个月，她就开始进行不让孩子上厕所的训练。因为她担心孩子上学之后如果总是在上课的时候去厕所，就会给老师添麻烦。

明明孩子还什么都没有做，她心里就已经开始不安。这个训练给孩子带来了很大的压力，导致孩子变得容易尿频。

然后这位母亲说："我就是怕发生这种事才要训练你的。"

孩子没能变成如母亲所想的那样，这时那位母亲又对孩子说："我这是为了你好。"然后就把 1% 的概率说成是 99% 的概率。"为了你好"这句话听起来好听，但实际上大部分时候都只是用来逃避责任的借口而已。

心里怨恨着别人的人，不管有多痛苦也要好好观察一下自己的内心深处，这样才能认可真实的自己。否则，内心就会更加不满，更加憎恨别人。这样继续下去的话只会走向通往地狱的路。

他们不是那种会默默地为他人花费精力的人。当然，能默默地为他人付出的人也不意味着就是什么大好人。但是，他们之所以会成为无法默默地为他人花费精力的人，也是有缘由的。这样的人是因为从小就有不得不这样做的理由，所以不需要因为这样而责备自己，他们没有受到责备的理由。

如果仅仅因为这些事情就被责备的话，那么人类也很难生活下去，毕竟他们又不是神，保持原样就好。

但是如果他们不努力改变一下他们的生活方式，就会逐渐对周围的人不满，就会不得不通过怨恨他人来生活。

在这里，是否选择努力改变这种冲突的性格，决定着他们是通往天堂还是通往地狱。

首先要先肯定自己的过去，然后接受现在的自己，肯定自己会产生新的能量。

所谓肯定自己的过去并不是认为自己"是因为被一对没有感情的父母养大的，所以是个没用的废材"，而是要想"被那种父母养大还能活成现在这样，那我也是很厉害了"来肯定自己。

还有，对自己抱有信赖感是必要的。不是为了他人而活着，而是要为了自己而活着。

只有当人们实现自我满足的时候，才能温柔地对待他人。在实现自我满足的前提下尽力为他人付出，才会得到他人的感谢。无论是在恋爱关系中、职场环境中，还是家庭生活中，如果一个人对自己的现状感到不满，那么他们即使付出了努力帮助他人，也无法得到期待中的积极回应，只会得到与之相反的结果。

抱有高远的目标并不是什么坏事，反而是值得鼓励的事情。问题在于，抱有高远的目标的动机是什么。只有好好了解自己的这个动机，才能逃离痛苦的人生。

比如，之所以给自己定过高的目标的动机是为了复仇，又或是因为小时候受过伤，为了治愈自己受伤的心灵之类的。所以说，问题在于这个"高远的目标"是什么。

不管是多么符合社会期望的事情，只要做事的动机是因为恐惧，结果就不会如期望那般，努力也就变得不再是让人享受的事情，而是变成一种压力，努力的效果也会变得不显著。

有职业倦怠的人，他们甚至不清楚自己在社会中处于什么地位，也不了解自己，所以会给自己定下过高的目标，从而努力过度，消耗自身。

所谓不了解自己，就是过于以自我为中心。仔细观察就能发现，过于以自我为中心的人有着很大的压力。人们常常有擅长生活和不擅长生活这种说法，以自我为中心的人，就是那种不擅长生活的人。

以自我为中心的人不清楚对方希望自己做什么事情，因此即便为了对方而努力，和对方的关系也必然没办法很好地维持下去。最终，他们想着"我明明为你做了这么多事"而对别人产生怨恨。

事实上，这类人并不是生活在现实的世界中，而是生活在他们幻想的世界中。

第五章

学会视角转换，为自己而活

——只要认可真正的自己，前进的道路就会豁然开朗

不必在乎别人怎么看我。

人生的价值由自己决定。

不要伪装自己

要相信自己是有能力的

世界上有种症状叫作存在感缺失症，这个症状就是人们不管做什么都没有在做某事的具体实感，就像是某人在说话，但是他没有察觉到自己在说话。

这个现象和"冒名顶替综合征"[①]在心理上是相似的，即使自己当了律师也没有自己是律师的觉知。即使自己是早稻田大学的教授，也没有身为早稻田大学教授的觉知。

他们会感觉自己现在的立场和自己是不相符的。

_____

① 冒名顶替综合征即一个人明明有能力，但是潜意识里并不相信自己有能力的心理现象。

大概是因为他们从小到大，语言上的表现和非语言上的表现都是互相矛盾的，所以才会产生这种问题。

　　当遭遇不幸的时候，却逼迫自己认为这是幸福，他们一直都是这样生活过来的，所以他们在这个矛盾中渐渐失去对感情的真实感受。

　　实际上他们并不知道什么是幸福，只是在自己的想象里以为自己知道什么是幸福。他们在嘴上会说自己知道什么是幸福，但是实际上他们并没有尝过幸福的滋味。

　　有着冒名顶替综合征的人即使成功了，也感觉不到是靠自己而取得的，他们感觉自己是一个冒名顶替者，内心会有一种负罪感。

　　当人们防御性地隐藏真实的自己时，就会产生自我否定，会认为真实的自己是有罪的，这样他们会进一步对别人采取讨好的态度，逐渐陷入怎么努力也得不到回报的恶性循环。

自信才能让自己走出不幸

　　一般来说，自恋者都会把柔弱的人或病人，又或是在智力、教育程度和家庭背景等方面不如自己的人当作目标。

　　对于自恋型男性来说，身体柔弱的女性不会让他们有因为自恋型情感而被伤害的恐惧。

第五章　学会视角转换，为自己而活

因此，对于自恋型男性来说，柔弱的女性是很有魅力的。正因为那位女性身体柔弱，所以他们那被伤害过的自恋心会感到很舒适。柔弱的女性不但不会威胁他们那脆弱的自恋情感，还能治愈他们的内心。

所以对于自恋型男性来说，柔弱的女性和出身不好的女性是十分有魅力的。

那些幸福的、健康的人，反而会对他们的自我产生威胁，如果可以的话，他们不会想要与之深交。

例如那些有能力的女性、在社会上有地位的女性、出身名门望族的女性等，仅仅是与这样的女性接触，都会对他们的自我产生威胁，对他们造成伤害。

某个自恋型丈夫和一个柔弱的女性下属交换了信件，被他的妻子看到了，信上写着"我爱你"这种话。而这个丈夫对妻子说，因为她从小身体就很弱，所以想和她交朋友，想帮助她。

"一开始我是抱着同情的心态和她来往的，如果你能加入我和她之间的话，就能缓和这种关系。"然后这个丈夫又和妻子说了一句这种意义不明的话。

这个丈夫甚至说，这件事情完全没有必要告诉妻子，因为这是妻子不会听的事情，他没得到妻子的许可就不会采取任何行动。

这个男人和自己的妻子在一起，还要和其他女性在一起，而且这个丈夫还会在妻子面前谈及那个女性下属的事情。实际上，这个丈夫想要和妻子共享自己内心对于柔弱的女性的情感。

妻子说："我丈夫总是说她很可怜。"

作为男性，他希望通过安慰柔弱的女下属来治愈自己受伤的自恋情结，也希望自己的妻子能够像母亲一样包容自己。

这个丈夫把自己的妻子当作代理母亲，把柔弱的女性当作自己的恋人，以此来短暂恢复他作为男性的自信。

一方面，因为那位柔弱的女性打从心底里没有自信，通过倾诉"自己是个男人缘很差的女性"来表现自己的不安，把自己的不幸当成"卖点"，因为她认为如果没有这些不幸，那么谁都不会再关注自己，所以她没法离开自己的不幸。

另一方面，这个妻子感叹："自己压抑着、压抑着，才终于在家里做好了母亲这个角色，要是不继续维持的话这个家就要散了。"通过这样来合理化自己的态度。

实际上，这个妻子没有身为女性的自信才会这样，而且她是打心眼里看不起她的丈夫的。

这是由对自己的性别角色失去自信的三个人而组成的机能集团。这个妻子虽然很努力地压抑着自己，但其实只是在做着得不到回报的努力而已。

　　有种叫被责备妄想的妄想症，就是指某人明明没有被人责备，却总是感觉有人在责备自己。这样的人会故作亲切。其实这是防御性性格装出来的亲切、温暖和体贴。

　　实际上，他们知道真实的自己并不是这样的。他们隐藏并不亲切的真实的自己，装得对人过于亲切，是因为觉得自己有罪。

不管是成功还是失败，
都不能决定人生的价值

失败之时 = 成功之时

　　哈佛大学的埃伦·兰格教授曾说过，某些时候，失败之时也就相当于成功之时。

　　她在自己的书里和来早稻田大学演讲的时候说："便利贴的发明，也是经历了失败才能取得成功。"

　　美国一家企业本来打算发明一种粘贴剂，花了大价钱去研发的粘贴剂却粘不住东西，这种粘贴剂成了瑕疵品。

　　但是正因为粘贴剂粘不住东西所以诞生了便利贴。

　　因为换了角度来思考才能够捕捉到贴上去之后，能够再次撕下

第五章　学会视角转换，为自己而活

来的这个优点，所以失败才能转换为成功。

便利贴的产生确实是因为失败，毕竟付出了那么多努力，却没有获得预想中的成果。

这个例子也说明了，只要能够转换视角，失败也能转变为成功。

在事业上成功，在人际关系上失败的人生

有的人毕业于名牌大学，进入大企业工作，他们走在精英道路上，却患上了抑郁症。这样的人生该怎么解释呢？这算是成功的人生，还是失败的人生呢？

而另一类人没有学历又贫穷，但是他们有着相亲相爱的家人陪伴他们一生。这样的人生又应该怎么解释呢？这算是成功的人生，还是失败的人生呢？

我看到过这样一句话：在事业上很成功，在人际关系上却很失败。

人们为什么要抛弃原来的自己，拼命努力取得成功呢？

这是为了避开自己是一个没有被爱的价值的人所带来的绝望感。在事业上很成功，在人际关系上却很失败的人，就是为了避开这种绝望感。

这种希望成功的愿望会破坏自控能力，一心一意只想要成功而

不去思考 10 年后自己身边的环境会如何改变。

总之，一切努力都只是为了避开自己现在无法忍受的情感。

为了避开这种情感只需要在工作上做出实绩就好，这就是过去所说的企业战士[①]。他们就是在事业上很成功，在人际关系上却很失败的那类人。

取得社会性成功的人却在个人生活上过得不好的例子很多。

弗洛伊德认为，为了权威而努力是自恋倾向的表现。

我也是这样认为的。他们是通过获得权威，来满足自己的自恋。所以他们会为了获得权威而抛弃本来的自己，勉强自己去努力。

简单地讲，勉强自己努力走上精英道路后患上抑郁症的人大部分都是自恋者。

他们会逐渐无法全面地观察自己的人生，也逐渐不会思考这样的努力会给今后的自己带来什么影响。他们只会思考通过这样的努力，自己"能够获得什么"，而不会思考自己"会失去什么"。

自恋者没有控制自己人生的能力。

遭受挫折之后就会变得心理扭曲的大部分人也是自恋者。

那么这些人的人生算是失败还是成功呢？

我之前在便利贴的故事中写"只要转换一下视角，那么失败也

[①] 企业战士是指将自己个人的命运和企业的命运融为一体，并从中获得安全感，把企业看成生存环境，对企业无私奉献。

能变成成功"。

而这些勉强自己努力走上精英道路的人，可以反过来说是"只要转换一下视角，那么成功也能变成失败"的例子了。

总之，不管是成功还是失败，重要的是视角的问题。成功或是失败，只是对同一件事定义不同罢了。

缺点和优点，也是一样的。

我们没有不能转变为优点的缺点，也没有不能转变为缺点的优点。

安徒生童话里的人鱼正是因为喜欢上了王子，让巫婆给她变出双腿后才开始变得不幸的。

明明当人鱼就很好，她正是从想要成为不像自己的人之时起，才开始变得不幸的。

人鱼就相当于员工，人鱼喜欢上王子的心理和员工想要变得成功的心理是一样的。

人鱼希望巫婆给她变出一双腿来，这和员工希望自己获得成功是一样的。

人鱼因为得到双腿而变得不幸。在事业上取得成功，却在人际关系上失败的员工则是因为取得了成功而变得不幸。

接受现实的自己

颠倒了亲子角色的父母

会做得不到回报的努力的人的典型人格是自恋型人格。

父母反过来依靠孩子的现象就叫作"亲子角色颠倒"，会造成这种现象发生的父母是自恋者。

自恋者总是追求他人的称赞，却不考虑他人的意见。

与其说是不考虑，不如说他们只是单纯地不会积极地关心他人。想要获得别人赞赏的心情过于强烈，所以不会关心别人。

这就像是在肚子饿的时候，面前就有自己喜欢吃的东西，这时候不管周围的景色有多美丽，都不会去关心这些景色。

就像是忍不住想要上厕所，身体已经忍耐到极限的时候，眼前就算是有一杯很香的咖啡，也不会去关注那杯咖啡。

总之，自恋者对别人漠不关心，自然也不会关心他人的意见。

自恋者没有关心别人的能力和时间，因为他们自己内心有更急需解决的问题。

对于孩子来说，没有比自恋型父母更让人难以忍受的了，他们长大之后也很难交到亲近的朋友，只有他们单方面觉得自己和对方很亲近。

"亲子角色颠倒"的父母对孩子是漠不关心的，却又陶醉地认为自己是优秀的父母。

炫耀型父母的误区

为了孩子心理上能得到成长，父母对他们积极地关心是必须的。

但是自恋主义者不会积极地担心别人，所以如果孩子的父母是自恋主义者，孩子的心理是无法得到成长的。

总之，自恋主义者把自己封闭了起来，是被自己内心的痛苦封闭了起来。

自恋型父母不关心自己的孩子，因此有这种自恋型父母参与的家庭生活也不可能让人觉得愉快。

但是自恋型父母却自恋地认为"这世上没有比这更好的家庭了"，他们自以为自己正在为此而努力。

而这个家庭里的孩子会感觉生活没有意义。

自恋型父母因为自己内心的矛盾已经精疲力竭了，所以没办法再去关心孩子的心情是喜悦还是烦恼。

总之，现在活着都已经是用尽全力了，所以他们没法理解现在的亲子关系，这对孩子来说是个悲剧。

这些父母也无法想象自己其实是从孩子那里榨取爱的恐怖之人。

他们对父母的责任感也没有具体的概念，只觉得父母这个角色是一种负担和苦役，是不公平的。

自恋型父亲会生气地觉得，为什么只有我要去工作？然后就常因为这样而对家人说"滚出去"。但是如果家人真的离家出走，他又会发狂，会拼命地妨碍家人出走。

做家务的母亲也是一样，她会生气地觉得为什么自己非得要做这种事。

只要父母是自恋者，那么这个家只是形式上的家庭而已，大家的心都不在一起。就算共同经历了某事大家也没有共鸣，没有内心的交流。

孩子在这样的家庭里是不可能感受到生存的意义的。即使这样，这些父母仍然自恋地认为自己的家庭是世界上最好的家庭。

这样的父母因为内心的矛盾而剥夺了情感，筋疲力尽，所以他们更不可能觉得养育孩子是件开心的事情。

自己能活下去，都已经是用尽全力了，内心更没有多余的地方，所以自然不会觉得养育孩子是什么开心的事情。

如果有很多人都觉得养育孩子是一件开心的事情的话，那么应该人人都会想要孩子了。但是在现在的社会中，人们不停地谈论着养育孩子有多少负担，很多未婚的年轻人不想要孩子。

自恋是最不适合做父母的一个性格，对于孩子的成长来说，父母的宠爱是必须的。然而，自恋型父母却想要身为父母的自己被宠爱，希望能有人哄着自己。而且他们还不清楚其实自己是那样幼稚的人。

所以才会有当父母说"跟家人相处总是很开心"的时候，他们的孩子却从高楼上一跃而下这种事情发生。

不要隐藏弱点，试着爱自己

付出努力却不得回报的人，他们的性格就是自恋型的执着性格。

执着性格是一种防御性格，有这种性格的人会厌恶自己，自卑感很强。他们为了得到别人的认可，会用神经症的方式使用能量，这是得不到回报的努力。对于自恋者来说，在名誉上的努力是有回报的，但这个回报是有限的。

职业倦怠者的特征：

①会隐藏自己的弱点。

②目标定得过高，不符合现实，如果抱有复仇心理的话就无法降低目标。

患有职业倦怠的人正是他们自己厌恶的那种人。不管在社会上多么成功，他们都会因为一点儿小小的失败而变得无精打采、随意地度过自己的人生，甚至选择自杀。

还有因为这种报复式的胜利，导致身边没有人追随自己，在周围的人看来，这就像是他只想自己一个人去天堂一样。

努力且有回报的人、眼里有对方的人、自己爱自己的人和能够接纳自己弱点的人，他们是没有自卑感的。

他们是追求自我实现的人，他们的目标都是明确的，每当离目标更进一步，他们就会感到喜悦。

自己爱自己的人所做的努力是有结果的。他们有着从各种意义上都很合理的目的，乌龟不会和兔子赛跑，正因为有着适合自己的目标，才能和别人亲近。

烦恼是常年积累的结果，就像澳大利亚的精神科医生贝兰·沃尔夫所说：烦恼不是因为昨天而产生的。

这和平时不注意健康，10 年后大概率是不可能会有健康的身体是一个道理。现在拥有的烦恼，是 10 年前生活方式的结果。

"为什么"综合征

向孩子撒娇的父母希望孩子能一直保持心情愉快的状态，但孩子是不可能一直都保持心情愉悦的，于是，父母就会责备孩子说："真讨厌，为什么你是这样一副表情？"进而变成"为什么连这种事情都做不到？"然后患上"为什么"综合征。

"为什么"综合征意味着"不能原谅不听父母话的你"。

总是说"为什么"这个词的人有着很强的需求，但是那个需求被隐藏了起来，有着神经症需要 [①] 的人很爱撒娇。

患有"为什么"综合征的父母完全不会去思考"父母怎样能让孩子开心"这种事。

反而会觉得"为什么你不能理解我的心情呢"。

总是问"为什么"的人，内心总是处于得不到满足的状态。内心得到了满足的父母不会质问孩子"为什么"。

---

① 神经症需要（neurotic need）亦称"神经症倾向"，由卡伦·霍妮提出，包含十种个体对抗基本焦虑、寻求安全感的非理性方法。

患有"为什么"综合征的父母的内心有着矛盾，但是他们绝不会直面自己内心的矛盾。

光是顾着自己就已经筋疲力尽了，所以对别人也不会好到哪儿去。

不会温柔待人的父母不管多么努力养育孩子，也只是做无用功罢了。因为父母不在意孩子的感受，孩子自然就不会听他们的话。

亲子角色颠倒的父母是不会容许有不听父母话的孩子存在的，他们会连续质问孩子"为什么还不睡觉""为什么不学习"，甚至"为什么摆出这副表情"等问题。

实际上这样的父母和孩子之间没有什么亲情可言。他们厌恶孩子，但不希望孩子知道这件事，更不希望被孩子厌恶。

最过分的就是，一旦孩子没有做出自己期待的反应，就会摆出一副严肃的表情说着"你这是怎么回事"的父母。仅仅是质问"为什么"不算严重，但是问"你这是怎么回事"就有着撒娇和欺负人的两种心理。

将自己无意识的情感投射到孩子的身上

实际上，父母是把自己心底里的自卑感投射到孩子的身上。他们无法接受内心自卑的自己，然后把这些投射到孩子身上。也就是说，明明是父母无法接受不够好的自己，却变成了无法接不够好的孩子。

这种投射有着憎恨感。

投射的深刻的问题是发生亲子关系的时候。

父母对孩子说："你为什么不能像那个人一样啊？"这就是被动式的投射。

"那个人"可能指的是出人头地的亲戚。

"那个人"代表着产生投射的人所压抑着的自卑感的一部分。

实际上是父母想要像亲戚一样成功，但是自己做不到，所以无法原谅不能成功的自己。然后他们将不能成功的自己投射到孩子身上，变成无法原谅不能成功的孩子。

自恋型父母为什么会批评可爱又温顺的孩子呢？

那是因为自恋型父母从心底里觉得自己是个没用的人，自己却不承认这个事实，然后将自己是个无用之人的印象投射在孩子身上，通过指责孩子"为什么你这么没用啊"来解决自己内心的纠葛。

就算孩子做成了一件很了不起的事情，这些父母也无法说出"做得好"这种称赞的话语。

如果孩子不是那种温顺的孩子，自恋型父母会迎合。只有在温顺的孩子面前，自恋型父母才能够颠倒亲子角色。

父母的投射行为是一种欺凌行为。

被欺凌的一方会因为深刻的自卑感而痛苦。

即使是大人，多管闲事又欲求不满的人会对别人所做的一些鸡毛蒜皮的事情挑刺，然后就会责备别人"太没有诚意了"。

实际上，责备别人没诚意的人反而是没有诚意的人。

他们总会搬出不符合场合的夸张的概念，比如"人类应有的诚意"或是"人类应有的爱"之类的。

责备别人的人是最欠缺诚意或爱的人，但是他们却并不认同这个事实。

他们会无意识地压抑自己无法认同的事情，然后将这些被压抑着的情感投射到对方的身上。

投射时说的话很好听，但是投射本身是欺凌，让被欺凌的人被深刻的自卑感所折磨。

如果父母患上"为什么"综合征，家里的氛围就会变得压抑，虽然家人不会吵架，但也不会一起欢笑。

家里充满着不安和不满，这和憎恨是相通的，而且他们不会把这种不安和不满的情绪表现出来。

仅仅是碰倒杯子的声音、爬楼梯的声音，父母也会因此烦躁进而发怒。

然后，他们就会说孩子："为什么爬楼梯不能安静一点？"就会觉得自己已经这么爱孩子了，为什么孩子不能理解自己呢？

颠倒亲子角色的父母不会去思考："为什么孩子不说我煮饭好吃呢？"这只会让自己觉得不快。

"为什么"综合征的"为什么"和想要了解对方而问的"为什么"的意义是不同的。

总是想问为什么的父母是没法养育孩子的。

孩子会因此变得厌恶自己，失去享受生命的能力。

在养育孩子上失败的父母常常都很努力，虽然并不是全部，但是大部分人做的都是得不到回报的努力。

告别迎合别人的生活方式

不要爱慕虚荣

容易歇斯底里的人对于蹂躏他人并不会感到愧疚。

即使是用牺牲他人的方式活下去，他们也不会觉得愧疚，他们能平静地看着别人在痛苦中沉沦。即使是为了获利而伤害他人，他们也不觉得难受，因为他们并没有察觉到自己在伤害他人。

虚荣心强的人，大部分都会在独善的价值观下努力，不能让周围的人与自己产生共感，然后就感叹自己的努力是得不到回报的努力。

容易歇斯底里的人是做着得不到回报的努力的典型的一个例子。

简单来说，在他们眼里看不到其他人，他们不懂其他人的痛苦，也不理解别人的努力。

所以他们总是抱怨为什么只有自己这么痛苦，他们也没有能力想到周围的人可能比他们更痛苦。

真实地生活，不要伪装自己

对于容易歇斯底里的人来说经验是最重要的。

比如说"去了什么地方""遇到了优秀的人""吃到了有名的食物"这类经验是很重要的。

容易歇斯底里的人会忘记和某人说过话，这是因为他们在和某人聊天时过于开心而忘记和那个人进行心灵沟通。

每天都在演戏的话，就无法与人进行真诚的沟通，所以就算总是回望过去，也没有办法回忆起与别人进行心灵沟通的经历。

所谓努力地生活下去，就是在生活中不要演戏，真诚地生活。

容易歇斯底里的人有这样的特征：他们表面上看起来像好人，但是如果和他们待在一起却会让人感到疲惫，因为其实他们并不是好人。所以他们不论怎么装腔作势地努力，也是得不到回报的努力而已。

将生存的精力留给自己

一般来说，做着得不到回报的努力的人都是"过于贪心的人"。他们不会考虑自己的能力，也不会考虑当时的状况，只会遵循着幼儿般的渴望去生活。

也就是说，不管他们做什么事都不会事先做好准备，也不考虑未来，只为了当下的愿望而活。

换句话来说，就是他们没有自我控制的能力，无法很好地管控自己的人生，也没有这个想法。要是事情发展顺利的话还没什么，要是稍微有点儿不走运，他们就会立刻崩溃，迄今为止的努力就全变成泡影。

各种类型的压力容易让我们的生产性能量变为非生产性能量，或是变为破坏性能量。

简单来说，每个人都有能量。重要的是，能量是向什么方向发展的。我们要好好辨别会让能量往非生产性方向发展的压力，这样得不到回报的努力就能转变为有回报的努力。

卡伦·霍妮说过，神经症患者没有自己的能量。

让能量往非生产性方向发展的压力是什么？如果能理解这件事，就能找到通往幸福的道路。

我们总是输出愤怒的情绪，愤怒使得生活的能量转变成负面的能量，这就是能量往非生产性方向发展的压力。

曾经担任过美国棒球选手培育部部长的卡尔·丘尔曾在一本书里详细地解说过"为什么对棒球选手来说顽强的精神很重要""顽强的精神是什么""如何锻炼出顽强的精神"等内容。

他认为，容易被愤怒所支配的选手都是很脆弱的人。

1999 年，佩卓·马丁尼兹在比赛前热身的时候，对手队伍的粉丝们对他的奚落声四起，但是他没有因此而受影响，而是让自己的情绪转换为能量，从而支配之后的整场比赛。

对此，卡尔·丘尔评价道，用一场优秀的比赛成绩来反击别人的嘲讽，没有比这更好的事了。发泄自己的愤怒是很简单的事情，但是要对抗来自别人的敌意，不仅需要展现专业的技术，勇气和自信也是必要的。

将愤怒变为生产性能量

在因为自我价值被剥夺而怒火中烧的时候，应该问问自己："现在这个愤怒的能量是生产性能量吗？"

这样的话就会发现，你越生气反而对别人越有利。

在因为愤怒而无法入眠时，应该好好问问自己："现在的自己有没有浪费自己生存的能量？难道还要用这种非生产性能量来浪费之后的人生吗？"

又或是问问自己："现在自己除了愤怒以外，能做些什么有建设性的事情吗？如何将自己的愤怒转变为生产性能量呢？"

有的人即使被人贬低，也仍认为自己是有价值的，不会觉得自我价值被剥夺了。

性格会形成特殊的形状，能量会通过寻找生的出口而表现出来。

总之，大家要把愤怒变为生产性能量，能否发现转变能量的方法决定了你是走向生路还是走向死路。

在没有真实地生活的时候，人就会失去生存的能量。

心理学家乔治·温伯格说过，依靠自我的人有两个明显的特征，一是有相信自己的能量，二是有生活的能量。

这两个生产性能量对于过着真实生活的人来说也是一样。相信自我的人过着真实生活。抱有自豪感的人可能面临过有所损失，也可能被人欺骗过，但是一直拥有能与自己交心的人。

所谓非生产性的好人，是为了让别人觉得自己是好人而使用自己生存能量的人。而有生产性能量的人会为了发挥自己的潜在能力而使用生存能量。

自己的生存能量的使用方法，关键在于你选择做个生产性的好人还是非生产性的好人。

为了自己的成长，为了社会而使用自己的生存能量的人是生产性的好人。

但是这件事并不像嘴上说的那么简单，为了社会而使用自己的生存能量是心理成长的必要条件，这是利己主义者绝对做不到的。

没有与他人内心交流的人就算在与别人的战斗中胜利了，在与自己的战斗中也会失败。

不管多么努力工作，不管是令人怀念的回忆、无法替代的人际关系还是金钱，都不会在人生中留下痕迹。

不管怎么勉强自己尽力讨好别人，也不会在内心留下任何痕迹，只是一种消耗，只是对身心的一种消耗而已，只会残留虚无感。

如果对你来说，现在活着这件事让你觉得很辛苦的话，这就是弗洛姆所说的神经症性的非利己主义者的心理症状。

神经症性的非利己主义者所做的事情和非生产性的好人做的事情是完全一样的。

和谁都没有过真诚的内心交流，时间就这样过去，不管如何努力，也没能成为心灵支柱的人。即使和别人一起度过漫长的时间，最后也不会留下任何痕迹。

弗洛姆说过，所谓神经症的非利己主义就是在对生的憎恨上戴上了"道德"的面具。

有很多人不理解非利己主义和利己主义虽然在行动特征上不一

样，但是在性格特征上都一样是神经症患者这件事。

在非利己主义这个正面形象的阴影里巧妙地将强烈的自我中心主义隐藏了起来。

虽然确实是非利己主义，但这只是为了让对方喜欢自己而表现出的非利己主义，是为了让别人认为自己是好人而表现出的非利己主义而已。虽然外包装是非利己主义，但内部是神经症。

有着很强的神经症倾向的人为了获得别人的喜爱，而勉强自己做出背叛自己的行为，这就是神经症性的非利己主义。

虽然勉强了自己去努力，但最后努力还是得不到回报。之后就会产生如弗洛姆所说的症状，如疲劳、抑郁、在亲密关系上失败等。

因为他们内心是利己主义者，却要勉强自己做出非利己主义的行为，所以才会发自内心地感到疲惫。

真正的非利己主义者是不会因此而感到疲惫的，在努力过后反而还会有一种充实感。

过适合自己的生活

为了让自己的内心更强大，应该好好思考生存能量的使用方法。

活得很辛苦的人，他们的状态可能就像螃蟹挖了一个和自己的外壳大小不符的洞穴，还奇怪自己为什么会喘不过气。

他们不会想不管做什么事都有先后之分，不会事先做准备，也不会思考在做完一件事之后要怎么办。

但是如果能做好自省，重新正视自己的话，可能就会发现现在的情况已经超出自己的能力，那么就能看到与以往不同的世界，也能让自己的内心平静下来。

小鱼不会为了特地成为鲨鱼的盘中餐而游去有鲨鱼的海里。

所谓"没有自知之明"，就是被某种负面的情感所支配而产生的。在多数情况下，没有自知之明就是得不到回报的努力的原因。

也就是说努力获取权利和财产就如建造空中楼阁一般，但是为了达成目的的意志会动摇人心，也会让人逐渐失去适应社会的能力。

他们不会思考如果以自己现在的能力和所处的环境来建造空中楼阁会有什么后果。

不管怎样都不能拥有生产性能量的人不会承认自己重要的情感，大多数都会将为了优越感而做事的这个目的给隐藏起来。

下面是一位 70 岁老人的故事。

她的女儿已经结婚，也有了可爱的孩子。

而这位老人却声称孩子的父亲虐待孩子，当她问她女儿是否需要帮助的时候，她女儿反而对母亲说："妈妈，希望你以后不要再来我家了。"

已经 70 岁的她，只是因为寂寞，所以才会纠缠女儿的家人。但她却不承认"我很寂寞"这个事实。

她还说想要把外孙带到自己身边，认为那是对外孙的爱。

他们之所以会像这样合理化自己的行为，是因为自己不承认自己真正的情感，也就是说他们没有和自己沟通过。

自己都不和自己进行沟通，那么就更不可能和别人进行沟通。

要成为拥有生产性能量的人，条件就是不要消极地回避这类不安感。这个 70 岁的老人，应该承认"我很寂寞"这个事实。

只因为这位女性想要通过虚构父亲虐待孩子的行为，把将外孙带到自己身边这个行为合理化，所以才没法获得幸福。

实际上，世上有很多这样戴着爱的面具的虐待狂。

真正恐怖的不是拥有一副恶魔面孔的恶魔，而是自诩有美德的恶魔。

而很多人之所以变得不幸，就是因为他们正是这些自诩有美德的恶魔。

其实，除了这位 70 岁老人所想的方法以外，还有很多其他的生存之道可以选择，而她之所以这么痛苦，是因为她认为生存之道只有这一条路能走下去。如果她能发掘出另一条道路的话，那么就会变得幸福。

不安之人在行为上不是和其他人合作，而是想要优越于他人。

有着歇斯底里性格的人，只有改变自己才能获得救赎。他们一面不愿意改变自己，一面又希望获得救赎。

后 记

错误可以分为社会上的错误和心理上的错误，用压抑的手段来处理事情的人就算不会引发社会上的错误，也会引发心理上的错误。

如果心理没有成长，那么人在社会上的努力都会成为得不到回报的努力。

那些和他人没有心灵沟通的人所做的努力，也会变成得不到回报的努力。和他人有心灵沟通的努力，才会变成有所回报的努力。

在和别人的关系上也是一样的，就算在现实生活中没办法经常和那人见面，他也仍然可以成为自己的心灵支柱。

而和别人没有心灵沟通的人，即使每天都在职场上和别人见面，如果之后没有交集的话，他也会和别人变成陌路人。

因为他们在见面的时候只是互相利用的关系。

我们所做的努力，分为得不到回报的努力和有所回报的努力。

要怎么样才能感觉到有所回报呢？

这根据年龄的不同而有所差别。

要想努力有所回报，第一个条件是一个人的有意识和无意识没有产生分离的情况，第二个条件是身边要有能互通心灵的同伴。

在拼命努力之下，终于成了社会上的成功人士，终于成了大公司的正式员工。

大概有人会觉得这种成功是得不到回报的努力，也有人不会这样觉得。

从社会角度来说，拼命工作终于使事业走上了正轨，但是与自己想象中的生活相去甚远，那么在这种条件下，大概会有人觉得这只是得不到回报的努力。当然如果不是这种情况的话，也有人会觉得这是有回报的努力。

"明明我都这么努力了，却还是遇上这种糟心事，总是遇上一些糟糕的人、糟糕的事。"

有很多因为被骗当了担保人而失去全部财产的人，他们自然会因为自己这悲惨的命运而憎恨这个社会。

但是，他们在和骗子接触的时候，是不是真的没有离开那些坏人的机会呢？

肯定是有机会的。他们肯定有看清对方真面目的机会，而之所以当时没能做到这点，是因为缺乏"看穿人的能力"。

他们是在权威型家庭的服从型依存关系里长大的，他们在心理上没有什么成长，所以他们才会缺乏看穿人的能力。

但是他们当时难道没有从监狱一般的家里逃出来的机会吗？可能也是有机会的。

就像贝兰·沃尔夫所说，现在的烦恼并不是昨天才有的。

导致你现在的烦恼的原因有可能就是 10 年前你自己内心的矛盾。

你一直以来都在拼命且努力地生存着，但是在恋爱和婚姻上都很失败，所以可能会因此感觉以前的努力都是得不到回报的努力。

但是和不适合自己的异性邂逅的时候，如果自己没有"表扬依赖症"，就不会和这类人建立恋爱关系，那么之后就更不会和他结婚。

如果没有过于沉重的自卑感，就能和正常人谈恋爱，和正常人结婚。

所以，一个人会被不适合自己的人骗着结婚，他的心病是根本原因。只要他能承认这点，那么人生未来的道路就会变得开阔起来。

后
记

一位老人明明看起来那么爱自己的孩子，那个孩子却成了一个不孝子。

这正是如贝兰·沃尔夫所言"现在的烦恼并不是昨天才有的"，如果内心不能认可这个事实的话，那么内心也会一直憎恨他人，付出的努力只能导致不幸。

只要放弃努力就能变得幸福。但是人们又无法放弃，这就是不幸依存症。

他们无法放弃这导致自己不幸的努力，就和那些有酒精依赖症的人无法摆脱酒精一样。

他们拼命地不让自己的自我价值崩塌，因此避开直面"真正的自己"的危险。在他们的无意识里潜藏着自卑感。

如果你有勇气停止为不快乐而付出的努力，你就能获得快乐。

我们都想获得幸福，这一点并不假，但不快乐的吸引远比对快乐的渴望更强大。

每个人都知道，对别人吝啬是不会幸福的。为别人的幸福而付出的美好感觉会让你感到幸福。

如果你不开心，你就无法抵制别有用心之人的诱惑。

不快乐的人对别人嫉妒和羡慕的感觉会更多。

人选择了不快乐，然后怨恨别人，努力让自己更不快乐。

总之，幸福的起点是意识到自己无意识的憎恨。

如果不能意识到这点的话，那么只会做着一直不幸直到死亡的努力，到死都一直做着没有回报的努力。

一位妇女大吸一口气，拼命胀大腹部，让她的丈夫和三位妇科医生以为她怀孕了。这是贝兰·沃尔夫说过的一个关于神经症的故事。

这种事是毫无意义的，但当人们患上神经症的时候，就会做这种徒劳的事情。

让自己看起来很厉害这件事是毫无意义的，但是神经症患者就是想让自己看起来很厉害，他们不想做没有回报的努力，但他们往往无法抵抗这种魔力。

一整天都做着自己喜欢的工作，和一整天都做着枯燥又费劲的工作，产生的疲劳是完全不同的。

但很多人选择做枯燥又费劲的工作，因为他们无法克服无意识的仇恨，没有意识到他们的生活方式就是这样的。

病人想找的是一个能让他继续过他一直以来的生活，并且还能治愈他的疾病的医生。

人类历史上从来没有这样的医生，以后也不会有。

医生通过检查这些神经症患者的内心而不是身体来做出诊断。

后记

许多人为了获得他人的认可而出卖自己的生命。

他们会为了自私的目的，为了名誉，为了权力，或者为了赚更多的钱，又或是为了得到更大的猎物而出卖一切。

当你的生活出现了停滞，你是更加努力地渡过难关，还是改变方向？

这就是幸福和不幸福的区别。

我不知道哪个是正确的。

但如果你过去的努力没有回报，这可能是一个改变方向的信号，也可能是再次尝试的机会。

但无论如何，努力生活在黑暗中总是不对的。

你只需要以适合你的能力的方式生活，因为迄今为止，你所做的努力可能只是一种不适合你能力的生活方式。

如果你注意自己的动机，并以适合自己的方式生活，你就不太可能会有生活停滞不前的感觉。

如果你扩大你的视角，就能意识到过去的自己所做的事有多厉害。

当生活陷入困境时，就是应该进行视角转换之时。而在每个人的生活中，都有过健康状况恶化、失去来之不易的工作，甚至在人际关系中失败的时候。

我们目前的困难是我们没有建立自我的结果，如果我们认识到这样的现实，就不会再渴望那么多事情。

这就像一只螃蟹挖了一个不适合它的洞，还喊着继续加油一样。

要接受自己目前就像这只螃蟹一样的现实。这样可能会让你了解自己的能力达不到所处的位置，然后就能改变你现在的感觉，让你变得安心。

人们之所以不知道自己几斤几两，是因为正在被负面情绪所支配。

有些植物适合在热带地区生长，有些则适合在寒冷地区生长。年轻的时候，通过尝试各种事情来了解自己有多大能力是很重要的，但是如果你在某个地方不了解自己，你就会失败。

我翻译过一本名为《名言能开阔人生》的美国的格言集，其中有一条是"每天做一百个俯卧撑，要早上和晚上各做五十个"。然后我写的解说如下：

要制订符合自己体力的计划。设定一个目标是很好的，因为如果你没有目标，就不会有类似"我做到了！"的成就感。但是我们也不应该有勉强自己做"一百个"这种目标，越是没有自我的人越容易执着于一个数字。

在对孩子提出这样的要求时，你应该认真考虑孩子的身体素质。神经症的父母会对孩子提出过高的要求。

另一句格言是："如果你迷路了，就承认，并找回正确的路。"我写的解说如下：

请记住，这十分适用于那些不知道自己在社会中的位置，还在尽最大努力的人。他们很难被周围的人接受，越努力越没有回报。也适用于那些失去目标的人。

当我还是学生的时候，我参加了一个登山俱乐部。我们当时学到的一个教训是，如果你迷路了，就回到你开始的地方。

在心理上也是这样，烦恼之人的心理就是在某处停止了成长。他们的余生都在错误的道路上拼命地行走。他们努力地做着没有回报的努力。

关键在于他们能否认识到自己心理上的不成熟。那些努力没有得到回报的人，要再次认真审视自己的内心。

如果一个母亲在内心深处觉得孩子患有脱发症的话，那么这个孩子的脱发症就永远都治不好。

内心不善良的人不管多么努力培养自己的孩子，他们的努力都是得不到回报的。

然后，他们又会怨恨地哀叹道："我明明都如此努力了。"

问题不是没有努力，也不是表面的现象。问题在于母亲的内心之核，这是在表面上所看不见的。

换句话说，那些没有内心之核的人的努力将不会得到回报，因为他的心是空虚的，是空洞的。这样的人就像一个甜甜圈。

　　我们焦虑自己"缺乏可持续性"，是对自己不切实际的期望。

　　有着这种烦恼的人，如果是考生的话，他们的考试成绩应该相当好。因此，他们休息过后会再次激发斗志。

　　大脑焦躁地想着做点什么，但身体不想做。所以明明现在休息就好，却因为贪婪已经成为习惯而无法休息。他们神经症的自尊心不允许他们休息。

　　他们很焦虑，因为他们认为，如果成绩不好就会被人厌恶。

　　然后就会无视"休息"这个信息，即使身体拒绝，但他们那虚伪的自尊心却不允许这样做。

　　不管做什么事都只是半途而废，就是因为贪婪。

　　但他们已经没有能量了，因为贪婪不会产生能量，他们的心理已经患上学生冷漠症了。

　　他们不希望周围的人认为自己是贪玩的人。

　　他们不想被人认为自己是懒惰之人。因为他们觉得如果自己变得懒惰，别人就不会喜欢自己。

　　你是否已经厌倦了扮演好学生、好员工、好母亲等角色？

　　你是否会因为自己就读于重点高中，就去取笑就读于普通高中的人？

你如果有这种轻蔑别人的情绪，那么就会因为"不想和那个人一样"的恐惧感而勉强自己学习。

如果你只是因为担心上了较差的大学，别人会取笑你，然后不顾自己的天赋而努力学习，那么就只会让自己变得无力。

这种对他人的蔑视感是导致那些做出无回报努力的人焦虑和无力的真正原因。只要你有这种感觉，你就会因为过度努力而变得无力，因为你做的是错误的努力。

不管多疲劳，他们都不会承认哪怕做成一件小事也很厉害，也不会承认只做了一点儿努力也是很厉害的一件事。

当对他人的蔑视感消失时，他们才能理解这件事。

他们的心底有着各种各样的不满，这种心底的不满正在支配着他们的日常生活。他们的内心几乎是破烂不堪的。

因为心底有着不满，即使他们有意识地想不这样做，也不得不这样做。内心深处的不满通过违背人的意识里的目的而寻求满足。在这种无意识的不满情绪的影响下，人就会被强迫性所折磨。

他们即使不能这样做，也不得不这样做，即使内心不想在意，但还是会在意。

如果一个人做不成很多事情，那么就代表着他希望做到的事超出他的能力范围，这是神经症的行为。

也许在无意识里，你想以不同于现在的方式生活。但即使你有意识地想要不这样做，也不得不这样做。因为你心底有着不满，所以内心深处的不满通过违背人的意识里的目的而寻求满足。

你曾经真正想做的是以下哪件事情？

①不带目的地去做某事。自己决定想去哪所大学，而不是周围那些人期望自己去的大学，然后为了这个目标而学习。

②有着不切实际的期望。周围的人不认同的事，只有你一个人认定是可以达成的，然后就希望能够出现一根魔杖来实现自己的愿望。

烦恼的人内心不仅是受了伤，而且已经坏掉了。

他们说着"我受伤了"，但更确切地说，应该是"我的心坏掉了"。

烦恼之人并没有意识到他们的内心已经坏掉了。

如果茶碗坏了，水就会漏出来。他们执着于那些漏掉的水，后悔失去那些漏掉的水。他们执着于自己失去的东西。

那个茶碗已经坏了，所以会漏水是当然的。同理，你的心已经坏了，所以会有漏掉的东西也很正常。

坏掉的茶碗就相当于神经症，所以会做没有回报的努力是理所当然的。

已经够了，休息吧，你已经在错误的道路上跑得够久了。

你是一个坏掉的茶碗。

即使你拥有世界上所有的财富，也是不会满意的，因为它们都会从你坏掉的心里漏出来。

那些现在活得很辛苦的人，那些活得很累的人，所需要的只是转变视角，就能让生活变得有价值。

如果要实现视角转换，那么必须改变内心。首先必须从改变行为和动机开始。

根据乔治·温伯格的说法，如果我们能停止做多余的行为，那么就能改变我们的感知方式，就能感到人们更加亲切。

从之前的书到这次这本书，我都要感谢野岛纯子小姐，感谢她一直以来的坚持和鼓励。

加藤谛三